你不可不知的

NI BUKE BUZHI DE DONGWU SHIJIE BAIKE

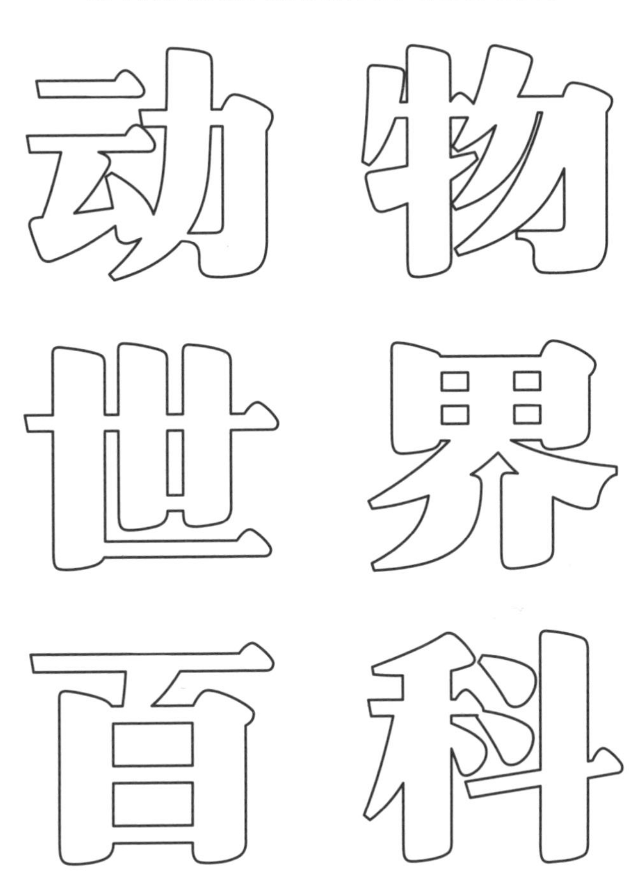

禹田 编著

云南出版集团 晨光出版社

前　言

PREFACE

动物的足迹几乎遍布地球上所有的大陆和海洋，它们在地球上探索的领域远大于创造了高科技的人类。据动物学家统计，目前已探知并承认的动物大约有150万种。这个数值并不是恒定的，随着科学的不断发展，人类对自然的认识不断加深，随时都会发现新的物种。因此，要准确说出地球上有多少种动物，恐怕科学家们也无能为力。

起初，各国对动物的分类和命名的方法千差万别，各行其道。后来，人类发现的动物种类日益增多，动物分类方法混乱，区分困难，甚至还有许多重名的。直到1735年，瑞典植物学家林奈出版了《自然系统》一书，建立了新的动物、植物的分类系统，创立了生物命名法——双名法。后人对他的方法进行了完善，最终形成了现代生物分类的基本格局——7个等级，分类的等级自上而下依次为界、门、纲、目、科、属、种。例如：人属于动物界、脊椎动物门、哺乳动物纲、灵长目、人科、人属、人种。根据生物在分类上的位置，可以知道彼此在演化方面关系的亲疏远近，但是目前各国动物分类的方法和规定还有些差别。

本书按照当前世界最权威的动物学分类法，将甄选出的所有动物分为8个章节。这些动物大致按照由低级到高级的顺序排列，包括腔肠动物、环节动物与棘皮动物、软体动物、节肢动物、鱼类、两栖动物和爬行动物、鸟类、哺乳动物。本书选取了各门类动物中最典型和最具特色的代表，讲述了它们最自然的生活场景，展现出了一个真实生动的动物世界。

目　录

CONTENTS

第一章 腔肠动物

第二章 环节动物与棘皮动物

第三章
软体动物

第四章
节肢动物

第五章
鱼类

第六章
两栖动物和爬行动物

第七章
鸟类

第八章
哺乳动物

第一章

腔肠动物

腔肠动物都生活在水中，
是构造比较简单的一类多细胞动物。
腔肠动物的身体由内胚层和外胚层组成，
因其由内胚层围成的空腔具有消化和水流循环的功能而得名。
腔肠动物是低等动物，
全世界约有 1 万种，
常见的有水母、海葵、珊瑚等。

01

腔肠动物的特别之处

腔肠动物是构造比较简单的一类多细胞生物，有些生活在淡水中，但多数生活在海水中。它们的身体不像哺乳动物那样呈左右对称状，而是辐射对称的。它们的身体由内外两层组成，嘴巴长在身体的中央，这同时也是它们的肛门。在嘴巴的四周，长有带毒刺的触手，这是它们的捕食工具，也是防卫武器。一部分腔肠动物过着“定居”生活，它们能将身体紧紧地固定在海底岩石或其他物体上；另一部分腔肠动物则在水中四处漂荡。腔肠动物喜欢吃水中的浮游生物和一些小动物。常见的腔肠动物有水母、海葵和珊瑚等。

02

珊瑚不是植物

以前，人们一直认为珊瑚是一种植物，直到19世纪以后，生物学家们发现它会捕食海洋中的浮游生物，具有动物的一切特征，这才确定它是动物。每一株珊瑚都是由无数只珊瑚虫组成的。珊瑚虫能分泌石灰质物质，它们死亡后，骨骼会慢慢变硬。我们平时看到的珊瑚饰品就是由无数珊瑚虫的骨骼堆积形成的。

珊瑚虫之间靠消化腔相互连接，这样，成千上万只珊瑚虫共同生活在一起，组成了一个个大的群体。它们最喜欢热带海域温暖向阳的地方，因为这样的环境中有充足的食物、新鲜的氧气和干净的海水。当老的珊瑚虫死亡后，新生的珊瑚虫在原有的骨骼上继续生活，这样越积越多，越积越大，逐渐形成枝状、片状、层状等各种各样的珊瑚，逐渐创造出星罗棋布的珊瑚礁，有的甚至还会形成岛屿。

03

揭示海水蜇人的奥秘

海葵是低等动物，栖息在世界各地的海洋中，在热带海域中的数量和种类最多。海葵的身体呈圆柱状，平时多附着在岩石上，偶尔会缓慢移动。它身体的最上端有嘴巴，嘴巴周围生有一圈圈柔软、美丽的触手。

人们在海中游泳时，经常会被蜇到。其实，海水并不会蜇人，蜇人的是一种海岸附近常见的海葵——纵条矶海葵，也叫“西瓜海葵”。它们身上脱落的刺细胞会漂浮在海水中，当人的皮肤接触到这种刺细胞时，就会红肿、疼痛，这就是海水蜇人的原因。

04

海葵与它的小伙伴

海葵看上去就像盛开在海底的鲜花，鲜艳而美丽。海葵如此漂亮，海洋里的许多动物却对它敬而远之，不敢轻易靠近。这是因为，海葵的触手上有许多刺细胞，一旦被它们刺到，那可就遭殃了。

然而，有一种可爱的小丑鱼总是穿梭在海葵的触手之间，游玩嬉戏，快乐进食。原来，小丑鱼的皮肤能分泌出一种特殊的黏液，这使它对海葵的触手有一定的免疫力。海葵和小丑鱼是一对好朋友。小丑鱼利用海葵这个天然屏障来躲避敌人，同时还能把海葵消化不完的残渣作为美食。对于海葵来说，有了小丑鱼这个清洁工朋友，身体既干净又舒服。但并不是所有的海葵都会和小丑鱼交朋友，有的海葵也会把小丑鱼当成食物吃掉！

05

漂亮的水母并不温柔

水母是一种非常漂亮的水生动物，它的身体没有骨骼，看上去就像一顶漂浮在大海中的降落伞。伞盖的直径从 1 毫米到 2 米不等，周围有无数小触手，可以感觉环境中的细微变化。水母的嘴位于身体下部的中央，它们用触手捕捉食物。

不过，你可不要被水母漂亮的外表欺骗了，它们实际上是非常厉害的“水中杀手”！水母的触手前端有刺细胞，可以用来捕捉浮游生物或攻击敌人。有些水母甚至能用刺细胞袭击人类。曾有一位游泳者不慎被水母刺中，他刚刚挣扎着游回海滩，就毒发身亡了。

* 北极霞水母是世界上最大的水母，生活在大西洋中，它的伞面绚丽如彩霞，直径长达 2 米多，触手长达 36 米。

06

拜访淡水中的小居民——水螅

世界上约有 14 种水螅，生活在淡水湖泊、河流、池沼中，其中褐水螅为世界广布种。水螅的身体呈圆筒状，非常柔软，体长从几毫米至几十毫米不等，体色有白色、粉红色、绿色或褐色。水螅身体的一端有口，周围有细长的触手，上面有成堆的刺细胞。各条触手能单独行动，具有活动、捕食和御敌的功能。它们身体的另一端叫作“足”或“基盘”，是附着器官，能分泌黏液。当它们遇到外界或内部刺激时，都可能引起基盘的滑动。有些种类的基盘能分泌气泡形成气囊，使水螅自水底悬浮于水面。

水螅具有再生能力，如果身体被切成数段，每段还能再生为一个新个体；如果把不同的两个小段接在一起，经过调整后，也能变为一个新的个体。

水螅的身体不仅能伸长，还能缩短，运动方式也很特别，分别为翻筋斗和屈伸前进。有时，它用触手和基盘交替附着在水草上，像翻筋斗那样运动；有时，它会躬着身体，先用触手附着水草，然后基盘向触手的方向移动，接着触手固定新的位置，基盘再向触手的方向移动，就这样一屈一伸地向前运动。

第二章

环节动物与棘皮动物

环节动物的身体呈长的圆柱形或扁平形，左右对称，
由前后相连的许多环节合成。它们分布于海水、淡水和土壤中。
棘皮动物广泛分布于各个海洋之中。
它们的成体是辐射对称的，但幼虫时期是左右对称的。
棘皮动物的形状、大小和颜色很不同，有的呈鲜艳的红、橙、绿和紫色，
主要种类有海星、海胆、海参等。

* 蚯蚓可以作为家禽的饲料，是鸡、鸭喜爱的“肉类”食物；蚯蚓还可以作为鱼饵，适用于多种水域的鱼类。

07

蚯蚓使泥土肥沃的秘诀

蚯蚓也叫“地龙”，全世界约有 3000 种。它们没有眼睛、鼻子和耳朵，但仍能活动自如，这是因为蚯蚓的体表有许多感觉细胞，能帮助它们感应光线的变化，分辨白昼与黑夜。

蚯蚓大多生活在潮湿的地下，它们的身体构造非常适合钻土：体表的刚毛有助于爬行；皮肤可以分泌一种黏液，保持身体湿润并减少摩擦；背部有一些小孔，在干燥环境下能排出体液，保持体表湿润。

蚯蚓以土壤中的有机物为食，它们进食时，会将土壤吞入肚中，最后排出能使土壤肥沃的蚓粪，同时它们经常在地下钻来钻去，也能疏松土壤，改善土质。

世界上最大的蚯蚓是吉普斯兰大蚯蚓，直径 2~3 厘米，乍一看仿佛一条大蛇。当它们在地下爬行时，在地面上都能听见它们爬行的声音。

08

能像波浪一样前进的蚂蟥

蚂蟥又名蛭，它们栖息在山林、淡水或湿润的地方，过着半寄生的生活。它们的身体长而扁平，上面有许多环节；身体的两端都有吸盘，起到固定身体和帮助行动的作用，使身体像波浪一样前进。它的嘴里有 3 个硬颚，上面长满了密密的小齿，可以轻易咬破人或动物的表皮来吸血。

蚂蟥咽部的肌肉非常发达，吸吮力很强，一次可以吸入比自己身体重 10 倍的血液。当它吸血时，人或动物往往不会感到疼痛，很难察觉到被它吸了血。吸饱血后，它就会自动松开吸盘逃走。如果你被蚂蟥吸住，千万不能用手拉扯，因为这样它反而会越吸越紧。正确的方法是猛拍被蚂蟥吸住的皮肤，使它的吸盘“漏气”，这样它才会从你的皮肤上跌落下来。

* 蚂蟥利用吸盘，能牢牢地吸附在植物的茎秆上。

09

海中之宝——海参

海参是生活在海洋中的棘皮动物。它们喜欢在海底游荡，以泥沙中的动植物碎屑和小型浮游生物为食。海参具有很强的再生能力，只要水温和水质适宜，即使被切除一半或被天敌吃掉一半，也可以在几个月后重新长出完整的身体。海参的身体肥胖，行动迟缓，甚至有的种类每小时只能前进 4 米左右。

海参善于伪装，肤色和环境类似。当遇到危险无法脱身时，它们会通过身体的急剧收缩，将内脏器官迅速从肛门抛向敌人。当敌人扑向这些内脏时，海参便会趁机逃之夭夭。失去内脏的海参，经过几个星期的修复，体内会重新长出内脏。

虽然海参有很多应对外敌的招数，但它们对环境的变化也颇感无奈。夏季，海水由于受到太阳光强烈的照射，上层温度比较高。这时，许多海底的小生物都浮到海面，进行一年一度的大繁殖，而留在海底的海参却因此失去了食物来源。由于食物的中断，海参只好进入夏眠，就像一些需要冬眠的动物一样，借此保存体力，渡过困难时期。

值得一提的是，海参是世界上少有的高蛋白、低脂肪、低糖、无胆固醇的营养保健食品。千百年来，许多国家都有吃海参滋补身体的说法。中医还常常用海参入药，用来治疗相关疾病。因此有人说：海参是海中之宝。

10

海底的『星星』

海星是棘皮动物中的重要成员，它们大多拥有 5 条腕足，体扁平，看上去不像动物，倒像是镶嵌在海底的五角星。海星的身形大小不一，小到几厘米，大到几十厘米；体色也不尽相同，几乎每只都有差别，最常见的颜色有橘黄色、红色、紫色、黄色、青色等。

海星没有牙齿，捕食的方法十分奇特。大多数海星抓住食物后，并不是直接送到嘴里吃，而是先把胃从嘴里翻出来，包裹住食物进行消化，待食物消化后，再吞入体内。

海星的再生能力特别强，只要有一截残腕足就可以长出一只完整的新海星。有的种类即便被切

成几块抛入海中，每一个碎块也都会长成一只完整的新海星。由于海星有着如此惊人的再生本领，所以断臂缺肢对它来说是件无所谓的小事。

海星是一种“贪婪”的食肉动物，是渔民们又恨又怕的偷贝贼。海星动作缓慢，因此它们的捕猎对象也是一些动作缓慢的海洋动物，如贝类、海胆、螃蟹、海葵等。海星的食量惊人，常常将渔民养的贝类吃得精光，因此被称为“渔民最痛恨的海洋动物”。

尽管海星是凶残的捕食者，但是它们对自己的后代却非常温柔体贴。为了使自己的卵免受其他动物捕食，海星产卵后常常会竖立起自己的腕足，形成一个保护伞，直到卵安全孵化。

11

胆小的海胆

海胆，又叫“刺锅子”“海刺猬”，因为球状的身体上长满了刺，因而得了个雅号——“海中刺客”。渔民常把它们称为“海底树球”“龙宫刺猬”。海胆因种类的不同，刺的长短、尖钝、结构也不一样。海胆虽然是多刺的棘皮动物，但胆子却特别小，只要一见敌人，就会逃跑。它们喜欢栖息在海藻丰富的潮间带以下的海区礁林间或石缝中，以及比较坚硬的泥沙质浅海地带，常躲在石缝里、礁石间、泥沙中或珊瑚礁中生活。

海胆有很高的食用和药用价值，然而并不是所有的海胆都可以吃，有不少种类是有毒的。那些有毒的海胆看上去更加漂亮，例如生长在南海珊瑚礁间的环刺海胆。人一旦被它们刺到，毒汁就会注入人体，细刺也会断在皮肉中，引起皮肤局部红肿疼痛，严重时甚至会出现心跳加快、全身痉挛等症状。

12

盛开在海底的『百合花』

你听说过“海百合”吗？无论是看名字，还是看实物，大多数人都会觉得“海百合”是植物，或许就是盛开在海底的百合花。其实，海百合不是植物，而是一种“活化石”级的古老的棘皮动物。海百合的形态同盛开的百合花极其相似，除了开放的花蕾，还有挺拔的根茎，颜色也是姹紫嫣红。

人们常把海百合分为有柄海百合和无柄海百合两大类。有柄海百合以长长的柄将自己固定在深海底，柄上有一个“花托”，里面包含了它所有的内部器官。无柄海百合没有长长的柄，而是长有几条“小根”，既可以浮动，又可以固定在海底。几亿年前，海百合曾昌盛一时，留下了很多化石。

第三章

软体动物

软体动物是动物界第二大类群。
它们生活的范围很广，水中、陆地上都有。
软体动物有柔软的身体，
可分为头、足、内脏团（由外膜包裹着）三部分，
大多数还具有钙质的外壳，比如贝类。
我们比较熟悉的软体动物有扇贝、蜗牛、田螺、河蚌、牡蛎、乌贼、章鱼等。

13

自备房子的动物——贝类

贝类最大的特点就是身体外部都有贝壳。贝壳的主要成分是碳酸钙，其含量约占整个贝壳的95%。它是怎么形成的呢？原来，贝类柔软的身体上包着一层外套膜，能分泌钙质，钙质不断堆积，就逐渐形成了贝壳。随着身体的增长，贝壳也在逐渐增大、增厚，有些还会形成像年轮一样的纹路，记录了贝类的成长过程。

乍一看，贝类没有手，也没有脚，很难想象它们是怎么运动的。实际上，有些贝类动物也是有脚的，位于身体的腹面，叫“腹足”。有些贝类动物的腹足又大又平，靠足面两侧的肌肉交替伸缩运动。由于它们移动得非常缓慢，看起来就像一直都没有动。还有些贝类的身体上有“漏斗”，它们靠喷水产生的反作用力运动。

14

孕育珍珠的痛苦过程

蚌是贝类的一种，它有两个椭圆形的蚌壳，上面长有两条强劲有力的闭壳肌，能够随意地张开、合上贝壳，保护自己柔软的身体。蚌的贝壳两端各有一个小孔，其中的一个小孔是入水孔。水流不断从入水孔流入，把食物和新鲜的水带入贝壳内。经过滤后，残渣和废水会从另一个小孔中流出去。这样，蚌就完成了呼吸、吸收营养、排泄的过程。在这个过程中，寄生虫、砂粒等异物很有可能会钻进贝壳中，使蚌感觉不舒服。于是，蚌的外套膜就会迅速分泌出珍珠质，将这些异物一层层地包裹起来，并越包越大，最后形成了晶莹圆润的珍珠。现在人们养殖珍珠贝，就是用人工的方法往贝的外套膜内插入小粒的异物，故意使外套膜受到刺激，从而产生珍珠。

15

各种各样的贝类

砗(chē)磲(qú)：世界上最大的双壳贝类，生活在热带海洋的珊瑚礁缝隙中，外壳厚约20厘米，直径长约1.5米，体重可达300千克。因其壳的表面有几条深深的沟，如同车轮轧在路面上留下的车辙而得名。砗磲的两瓣贝壳有惊人的闭合力。人们曾经做过这样的实验：将一根铁棍插入壳内，结果两片壳紧紧闭合，竟将铁棍夹弯了。还有一次，一艘船想在海上停下来，放下去的铁锚竟被砗磲夹断了。

虎斑贝：长10厘米左右，它的体外是一个又大又厚、背部鼓起的贝壳，贝壳表面光滑，具有光泽，混杂着褐色的小斑点，好像是一张老虎皮，因此而得名。虎斑贝生活在热带浅海地区的珊瑚礁

中，胆子非常小，行动缓慢，在夜间才会出来活动，喜欢吃各种海绵动物和小型的甲壳动物。

鹦鹉螺：一种极为珍贵的软体动物，外壳光滑，有灰白色、淡黄色、褐色等，夹杂赤色火焰状的条状斑纹。它们的身体弯曲，好似鹦鹉的头部，因此得名“鹦鹉螺”。鹦鹉螺通常在夜间活跃，白天则在海底休息。

鲍：也叫“鲍鱼”。它虽然叫“鱼”，但并不是鱼类，而是贝类。鲍的外壳有点儿像人的耳朵，因此也叫“海耳”。它那像吸盘一样的腹足，能牢牢地吸在海底礁石上，哪怕大风大浪都很难撼动，如果想把它掰下来，那就更困难了。鲍的味道十分鲜美，是一种名贵的海产品。它不仅是人类筵席上的美味佳肴，也是海獭最喜欢吃的食物。聪明的海獭常常会从海底捡些小石头当锤子和砧板，敲碎鲍的硬壳，从而吃到鲜嫩美味的鲍肉。

16

乌贼、鱿鱼和章鱼

乌贼：游泳速度最快的海洋生物之一。它与靠鳍游泳的鱼不同，是靠肚皮上的漏斗管喷水产生的反作用力飞速前进的。这种喷射力就像火箭发射一样，可以使乌贼从深海中跃起。乌贼肚子里的墨汁是它保护自己的武器。平时，它遨游在大海里，捕食小鱼小虾，一旦遭遇凶猛的敌人，便立刻从墨囊里喷出一股墨汁，把周围的海水染成黑色。它就在这黑色烟幕的掩护下逃之夭夭了。它喷出的这种墨汁还含有毒素，可以用来麻痹敌害，使敌害无法继续追赶它。但是乌贼积贮一墨囊墨汁需要相当长的时间，所以，乌贼不到十分危急之时不会轻易喷射墨汁。

鱿鱼：虽然习惯上称它们为“鱼”，但它们其实并不是鱼，而是生活在海洋中的软体动物。它们的外形很像乌贼，但整体更偏长一些，也称“枪乌贼”。

枪乌贼是凶猛的肉食性动物，食物大多为小公鱼、沙丁鱼、磷虾等，有时也捕食自己的同类。而枪乌贼本身又是金枪鱼、带鱼和海鸟的重要食饵。

章鱼：它有8条像带子一样的长腕足，因此渔民们又把它们称为“八爪鱼”。章鱼因种类不同，大小相差极大。它们的每条腕上都有两排肉质的吸盘，能有力地吸附物体。章鱼的口中有一对尖锐的角质腭及锉状的齿舌，可以轻松钻破贝壳，刮食里面的肉。

有些种类的章鱼，遇到危险时也会喷出墨汁似的物质作为烟幕逃走。有些种类的章鱼产生的物质可麻痹进攻者的感觉器官。还有些种类的章鱼身体里具有高度发达的含色素的细胞，受到刺激后能极其迅速地改变体色，变化之快令人惊奇。

17

慢吞吞的蜗牛

蜗牛是一种生活在陆地上的软体动物，它们喜欢阴暗潮湿的环境，体内含有大量的水分，所以身体总是湿乎乎的。蜗牛头上生有两对突出的触角，第一对小，第二对大。在第二对触角的顶端，有一双可以随意伸缩的眼睛。这两对触角好似盲人的手杖，只需轻轻碰触，就能感知到周围发生的事情，同时它们还起到鼻子的作用，可以嗅到食物的味道。蜗牛的嗅觉十分灵敏，能准确找到农作物的叶子、嫩茎等。它们的嘴巴内有成千上万个排列整齐的齿舌，就像一把小钢刷，因此能轻松地把叶子刷到嘴里去。

蜗牛的壳是蜗牛保护自己的装置，就好像它们的家一样。每当遇到危险时，蜗牛便会立刻缩进壳里，直到觉得安全后才会出来继续活动。当气候干燥或寒冷的时候，蜗牛会分泌出黏液，形成一层薄膜堵住出口，然后躲藏在壳里，不吃不喝地睡好几个月。热带沙漠地区，由于干旱少雨，那里的蜗牛甚至可以躲在自己的“家”里睡三四年。

18

没有壳的『蜗牛』

有一种软体动物，外形看上去就像去了壳的蜗牛，它的头上也有两对触角，一对长，一对短，长触角的顶端有眼睛。它是什么呢？真是被剥掉壳的蜗牛吗？其实，这种动物的学名叫“蛞（kuò）蝓（yú）”，由于身体表面有许多黏液，因此又被称为“鼻涕虫”。一般，蛞蝓的背部呈淡褐色或黑色，腹面为白色。它们昼伏夜出，喜食植物的叶子和果实，危害蔬菜和果树，是农民最讨厌的害虫之一。它们的食谱很杂，食量较大，但同时耐饥力也很强，在食物缺乏或不良条件下能不吃不动很长时间。

* 当鼻涕虫危害你心爱的植物时，你可以在植物的根部缠上一圈细细的铜丝，因为鼻涕虫对黏液接触铜丝后产生的微弱电磁场很敏感。你也可以把生姜粉撒在鼻涕虫出没的地方，因为鼻涕虫对生姜的气味非常敏感，所以会远远地躲开。

第四章

节肢动物

节肢动物的主要特征是：身体左右对称，由体节组成；
一般分为头、胸、腹或头、胸、尾三个部分；
身体外面包着外骨骼，具有分节的足；
发育过程很复杂，大多数要经过变态。
节肢动物分布广泛，同时种类众多，达 100 多万种，
是动物界中最大的类群，占世界上动物总数的 4/5 以上。
节肢动物可分为甲壳类、蜘蛛类、多足类、昆虫类、三叶虫类等。

19

最常见的甲壳动物——对虾

甲壳动物大多生活在海洋和河流中，还有一小部分栖息在潮湿的地方。甲壳动物通常有强大有力的螯钳，身体外面还长有坚硬的外骨骼。白天，甲壳动物喜欢躲在岩石缝隙下面休息，到了晚上，它们才出来寻找食物。它们主要吃软体动物和其他动物的死尸。大多数甲壳动物用鳃呼吸，少数用身体皮肤来呼吸。

对虾也叫“大虾”，是甲壳动物中最常见的一类，在沿岸浅海常能看到它们的身影。对虾的身体分头胸部和腹部两部分，头胸部有 13 对附肢，腹部有 6 对附肢，没有螯肢。雌性对虾体长一般为 18~28 厘米，重 60~80 克，有的甚至可以达到 250 克。雄性则较小。实际上，对虾很少成双成对地生活在一起，只是因为人们常常把它们放在一起出售，显得很漂亮，因此才得名“对虾”。

20

耀武扬威的『海将军』——龙虾

龙虾是虾类中最大、最威武的一类。它长着坚硬、由石灰质硬片形成的外壳，表面还有许多尖刺，这些尖刺由坚硬的皮质关节联结起来。龙虾的头部还有两条长长的带刺的触鞭。它如果将 10 条粗壮的足伸展开，就像一位耀武扬威的“海将军”。不过，这只是它在装样子。龙虾不会游泳，只能在海底爬行，不喜强光，经常昼伏夜出。白天，它躲藏在石缝中，只有到了晚上才会出来寻找食物。除了头胸部的棘刺，它再也没有别的武器了。

* 龙虾生性好斗，在饲料不足或争夺栖息洞穴时，往往会出现欺弱怕强、欺小怕大的现象。

21

『横行一世』的螃蟹

蟹属于节肢动物门软甲纲，大多数生活在海洋和河流中。它们身披盔甲，两只复眼生长在眼柄上，嘴巴里坚硬的下颚可以“咀嚼”食物。蟹的头上生有能感应水流变化和食物味道的短触角。它有5对附肢，第一对附肢是像大钳子似的螯肢，用来取食和拒敌，其他4对附肢又扁又长，用来走路或游动。

人们都说“螃蟹横行”，其实螃蟹不仅会横着走，也会向前或向后直行。螃蟹的附肢长在身体的两侧，只能向里弯曲，便于横行，而前后移动却很缓慢，所以我们经常看见螃蟹横着走路。

螃蟹身上坚硬的甲壳可以保护它避免天敌的侵害，但是甲壳并不会随着身体的成长而扩大。所以螃蟹的生长是间断性的，每隔一段时间，它要蜕去旧壳后身体才会继续成长。螃蟹会花费大量时间去寻找食物，它们并不挑食，只要螯能捕获的食物——小鱼虾、海藻，都可入腹，甚至连动物尸体也不放过。

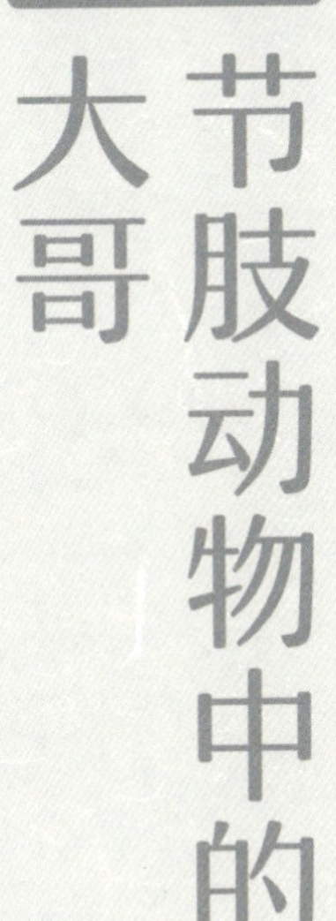

22 节肢动物中的大哥

* 鲎多生活在近海的水域中，冬季见于中等深度的水中，夏天见于潮间带的泥滩上。

鲎（hòu）是节肢动物门中个体最大的成员，身体外形就像一个舀水的瓢。它全身呈棕褐色，体长约 70 厘米。鲎的身体外面披着坚硬的壳，好像穿了盔甲一样。其中，头胸甲又宽又大，像一个弯弯的月亮。它的头胸部共有 6 对用来游泳的附肢，上面长有可供呼吸的外鳃。腹部比头胸部小一些，像六角形，在腹甲的边缘长有尖尖的能活动的硬刺。鲎的尾巴像一把锋利的剑，这是它的武器，当遇到危险时，它就将这把转动的“利剑”刺入敌人的身体。

科学家们发现，鲎的血液是蓝色的，为什么会出现这样的颜色呢？大家都知道，人类和大多数动物的血液是红色的，这是因为我们的血液中含有铁，当血液中的铁遇到空气中的氧时，会与氧结合在一起，形成血红蛋白，这种血红蛋白是红色的，因此血液就呈红色。而鲎的血液中含有铜，当铜与空气中的氧结合后，就形成了血蓝蛋白，于是鲎的血液就变成了蓝色。

23

异常凶猛的蝎子

蝎子是比较古老的节肢动物，在世界温暖的地区，尤其是在沙漠地带都有它们的身影。全世界共有 1000 多种蝎子，中国有十几种。

蝎子非常凶猛，身体前端长着一对大螯，尾巴上长有一根毒刺。蝎子毒刺的毒性特别强，如果谁不小心被它刺到，就会中毒，并表现出恶心、流汗、口吐白沫等症状。这时，受伤者一定要立即去看医生，如果抢救不及时可能会有生命危险。

在野外，蝎子喜欢吃蜘蛛和昆虫等小动物。现在已有人专门养殖蝎子，养殖时一般喂黄粉虫、米蛾，以及新鲜的猪肉、牛肉、鱼肉等。白天，蝎子经常躲在岩石或者木头下面，有时也会藏在人们家中的地毯下面、床上或鞋子里。

蝎子的嘴里一颗牙齿都没有，因此吃食物时，只能先从口中分泌出消化液，将食物在体外化成浆后再吸入肚子里。

24

蜈蚣到底有多少只足

蜈蚣为陆生节肢动物，身体由许多体节组成，每一节上均长有步足，故为多足生物。又作“吴公”“百足”，甚至是“千足”。蜈蚣一般有21对步足和1对颚足；“钱串子”是蜈蚣近亲，学名蚰蜒，只有15对步足和1对颚足。

蜈蚣的颚足其实是钩状的，非常锐利，前端有毒腺口。一旦有人被它咬伤，毒液就会进到皮肤里面，使人出现中毒症状。

蜈蚣的生命力极其顽强，除了南北极外，世界各地几乎都有它们的身影。蜈蚣胆小怕惊，很喜欢生活在安静的环境中，最爱吃的食物是昆虫，比如青虫和蜘蛛等。蜈蚣在中医学上有很重要的医药价值，现在有许多农户在养殖它们呢！

25

善于织网的蜘蛛

蜘蛛与蝎子是近亲，身体分为头胸部和腹部两部分，外形好似阿拉伯数字“8”。昆虫有6条附肢，蜘蛛有8条附肢，这是它们之间最大的区别。蜘蛛一般以昆虫为食（其中大部分吃掉的是农业害虫），因此是人类的好帮手。蜘蛛的种类众多，全世界约有4万种，且分布范围极广，有的种类喜欢住在树上，有的喜欢住在地面上，有的则喜欢住在洞穴里。毛蜘蛛浑身毛茸茸的，看上去有点吓人。有些毛蜘蛛的附肢展开后甚至可达20厘米。毛蜘蛛虽然也会结网，但是它的网一点黏性也没有，无法捕获猎物，只能用于封住洞口，防止其他小型动物进入。

大部分蜘蛛织网都是为了捕捉猎物，有些还能织出一张带有黏性的网。这种蜘蛛网的蛛丝极细，飞行中的小昆虫一不小心就会撞到网上。小虫粘到网上后会拼命挣扎，这时蜘蛛又会吐出新丝把小虫缠起来，直到它们无法逃脱。

这类蜘蛛是如何排丝织网的呢？原来，它们

* 蜘蛛中既有对人类有益的，也有对人类有害的，从总体上来说，有益的蜘蛛更多些。例如，田间的蜘蛛每年能杀死许多害虫，从而保证农作物的收成。

体内有一种腺体可以分泌特殊的无色黏液，这种黏液从它们的腹部（纺绩器）排出，遇到空气就凝成蛛丝。蛛丝虽然比人的头发细，但弹性强，而且比手指粗细的钢丝承受的拉力还要大。蜘蛛还可以根据不同的需要分泌出不同颜色、不同性质的细丝，然后再用这些丝结成不同形状的网。蜘蛛织圆网时，首先要用蛛丝拉出个框架，再拉出圆网的“半径线”，而且每两个“半径线”之间的夹角正好相等，就像事先用尺子量过那样精确。然后，蜘蛛从网的中心向外盘旋，一圈一圈地往外织，织成一张圆网。

26

蚂蚁种类众多的

蚂蚁虽然是动物界中的小不点，但总数却极为庞大。目前，全世界已知的蚂蚁有 1 万多种，它们的总重量比 60 亿人的重量还要重。无论是高山还是平川，无论是荒无人烟的沙漠还是热带丛林，到处都有蚂蚁的身影。公牛蚁是世界上最大的蚂蚁，分布于澳大利亚，有 3.7 厘米长；最小的蚂蚁叫作“贼蚁”，身长只有 0.15 厘米。

蚁群是一个庞大而有组织的社会群体，一般由蚁后（雌蚁）、雄蚁和工蚁组成，它们都有各自明确的分工。蚁后和雄蚁负责交配、产卵、繁殖后代。雄蚁在交配后就会死去。蚁后一生专注产卵，它的寿命可达 15 年。工蚁也是雌性，只是发育不健全。工蚁身体小，没有翅膀，它们负责采集和运输食物、哺育幼虫、营造巢穴、防御敌害，等等。工蚁的寿命只有 5~6 年。

27

蚂蚁也有朋友

蚂蚁特别愿意和蚜虫交朋友。因为蚂蚁喜欢吃甜食，而蚜虫可以为蚂蚁提供一种又甜又香的“蜜露”。蚜虫为什么会产生“蜜露”呢？原来，蚜虫终生以植物的汁液为食，因此它们排出的粪便也带有一种甜味。蚂蚁吃的“蜜露”，实际上就是蚜虫的粪便。当蚂蚁想吃“蜜露”时，就用触角碰一碰蚜虫的尾部，蚜虫就会排泄出“蜜露”供蚂蚁享用。有时刮风下雨，蚜虫被打落到地上，蚂蚁发现了，就会不辞辛苦地叼着蚜虫，把它送回到植物上面有嫩叶的地方。到了冬天，蚂蚁还会把蚜虫叼到自己的窝里保护起来，直到第二年春天，再把蚜虫送回树上。

28

瓢虫中也有『好人』与『坏蛋』

世界上有 5000 多种瓢虫，它们身体长约 1 厘米，外形就像一个被切开的球，外表颜色鲜艳，背上往往有黑、红、黄、白等颜色的斑点。瓢虫有两对翅膀，外面一层硬硬的叫“鞘翅”，主要用于保护身体，不能用来飞行；鞘翅下面柔软的薄纱似的翅膀才是真正用于飞行的。

瓢虫虽小，但躲避天敌的本领却不少。第一招是装死：当遇到天敌时它会从高处掉下来，紧缩起 6 条附肢一动不动，好像死了一样。如果这招不灵，它还会从附肢的关节处释放出一种臭臭的黄色汁液，把敌人熏跑。

瓢虫分为肉食性和植食性两类：那些肉食性的都是人类的好帮手；而那些植食性的则是农业害虫，它们占瓢虫种类的 20% 左右。

29

提着小灯笼的精灵

在夏天，我们经常会看见打着“小灯笼”的萤火虫在空中飞来飞去。萤火虫是昆虫类甲虫，全世界约有2000种，多数分布在热带和亚热带地区。成虫大约有1厘米长，身体修长略扁，外壳带有光泽。其中大多数的雌虫没有翅膀，不会飞行。萤火虫的成虫只有20天的寿命，它们在这短短的20天中通过发光来寻找配偶，雄性在交配后一两天就会死去，而雌性则在产卵后死去。

萤火虫能发光是因为尾部长有发光器，里面含有荧光素和荧光酶。在氧气的作用下，它们会发出冷光，而且氧气越多，发出的光越强。科学家们根据萤火虫的发光原理制成了荧光粉，把它们涂在日光灯的内部，结果这种日光灯比白炽灯还省电，灯管温度才40℃左右，但照明效率却比白炽灯要高四五倍呢！

30

喜欢点水的蜻蜓

全世界约有 5000 多种蜻蜓。它们的体长从 10 毫米到 100 多毫米不等，颜色有绿、黄、红等多种，最大的蜻蜓翅膀完全展开时可以达到 16 厘米。蜻蜓身体瘦长，在空中飞翔时既轻盈又灵巧，就像是一架迷你小飞机。夏日，蜻蜓经常在靠近水面的空中嬉戏，偶尔用尾巴点击水面，人们把这种优美的姿势称之为“蜻蜓点水”。蜻蜓点水是在玩耍吗？不是的，它们是在往水中产卵呢！

蜻蜓有一对奇特的复眼，这两只复眼很大，占据了头部大部分区域。它的每只复眼由 1 万到 2.8 万只小眼睛组成，这些小眼睛的数量大约是其他昆虫复眼的小眼睛数量的 10 倍。所以，蜻蜓的视线范围很广，它们可以向上、向下、向前、向后看而不必转头。

* 蜣螂不仅对生态环境产生影响，也深刻地影响着人类的思想文化意识。如，在古埃及人看来，蜣螂是一种神圣的动物。

31

喜欢滚粪球的动物

屎壳郎的学名叫“蜣螂”。它最爱滚粪球，而且相当有技巧。它先用前面的附肢将粪便拍打成小球，然后着地，用后面的附肢不停地倒蹬着粪球，使粪球在滚动中粘上粪便和小树叶，这样粪球就越滚越大了。

屎壳郎是自然界中忠诚的“环保卫士”。夏秋之际，人们经常看到“屎壳郎推粪球”，这是它在做清除粪便的工作。粪球越滚越大，有时比它的身体还要大几倍。如果推不动了，它们就雌雄合作，一前一后，一推一拉，把粪球运到自己家里。粪球是屎壳郎的食物，也是生育小屎壳郎的产房。雌屎壳郎把白色的卵产在粪球中，再把粪球埋入土中。幼虫出世以后，就靠吃这些食物长大。

32

苍蝇不怕病菌的秘诀

苍蝇不但飞行起来非常平稳，而且还能稳稳地站在光滑的玻璃上。苍蝇的后翅已经演化成像大头针一样的平衡棒，可以在飞行时保持平衡。它的附肢端部生有爪钩，同时还有柔软的爪垫和小毛，爪垫上能分泌一种黏液。正是因为这种特殊的结构，苍蝇不但能在光滑的玻璃上行走，还能倒挂在上面呢！

人们都讨厌苍蝇，因为它携带了许多病毒和细菌，还总是到处乱飞，污染食物，传染疾病。苍蝇喜欢吃的东西很多，从人喜欢吃的各种美味食品到垃圾堆里的腐烂食物，它们几乎无所不吃，尤其喜欢吃粪便。同时，苍蝇还经常在垃圾和粪便等污物中产卵，因为这些地方可以让苍蝇的后代快速生长。在夏季，苍蝇大约 10 天就能繁衍一代。

苍蝇这么肮脏，但奇怪的是，苍蝇自己却从来不生病。原来它的身体里具有抗菌活性蛋白，任何病菌都不能在苍蝇身上存活超过 7 天。科学家正在对此进行深入的研究，如果能从苍蝇身上提炼出疫苗，就可以造福人类了。

33

令人生厌的蚊子

不是所有的蚊子都吸血，雌蚊子吸血，雄蚊子靠吸食花蜜、果汁为生。不同的蚊子有不同的吸血对象，有的爱吸鸡、鸭的血，有的喜欢叮咬乌龟和甲鱼，非洲有一种蚊子就专门叮咬蚂蚁。

蚊子吸血时，总是先吐出未消化的陈血，再吸入新鲜的血液。蚊子就是这样叮完这个人，再去叮那个人，有时还会把含有病毒的血液不断地传播下去，使一些疾病蔓延开来。

* 如果你不小心被蚊子咬了，千万不要急着用手去抓，可以将少许的牙膏或盐水涂抹在患处，以达到止痒的目的。

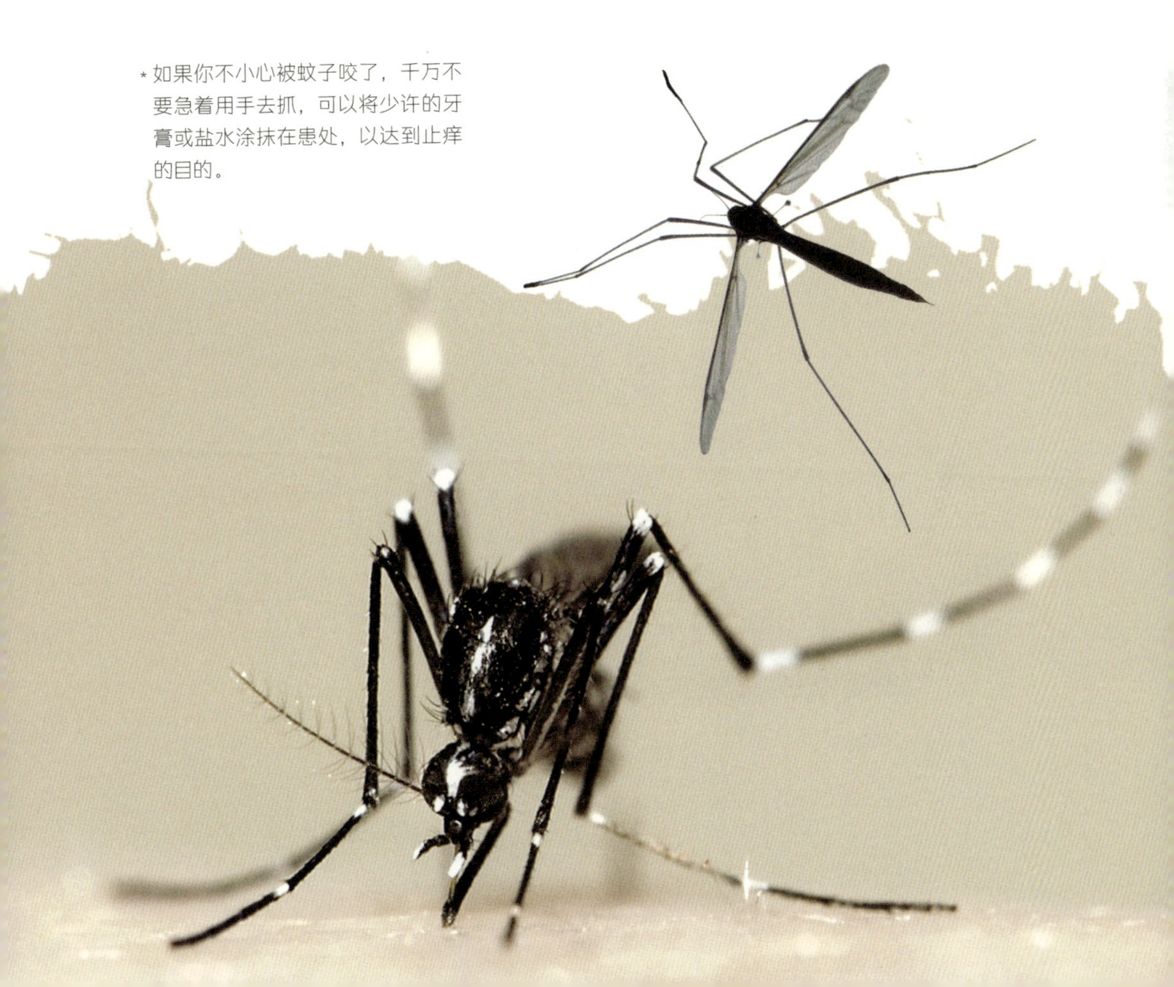

34

人们无法消灭的蟑螂

蟑螂也叫蜚（fěi）蠊（lián），是世界上最古老、繁衍最成功的一个昆虫类群。大部分生活在林地中，还有一些生活在室内。它们大多呈灰黑色或褐色，身体扁平光滑，头小胸大，爬行和飞行的速度都很快，即使是一条小缝也能出入自如。蟑螂有一对神奇的触角，上面生有几千根小毛，这些毛能嗅到我们闻不到的气味，因此能帮助蟑螂准确地找到各种食物。另外，蟑螂尾部的尾须能感受到很低的声波，可使它在 0.054 秒的时间里接收到信息。这样，在我们发现它之前，它就已经逃之夭夭了。

蟑螂由卵到幼虫再到成虫的周期很短，因此它们的繁殖速度极快。蟑螂在寒冷、酷热的环境中依然能够生存，同时，即使几十天不吃食物也能存活。正是借助于这些优势，蟑螂在地球上成功生存了 3 亿多年，人们至今依然无法消灭它们。

* 在大多数人眼里，令人烦恼的蟑螂恶贯满盈，但我们都误解了这一动物，其实，它们大多数都不是害虫，只有其中一小部分是害虫。

35

动物界的『跳高冠军』——跳蚤

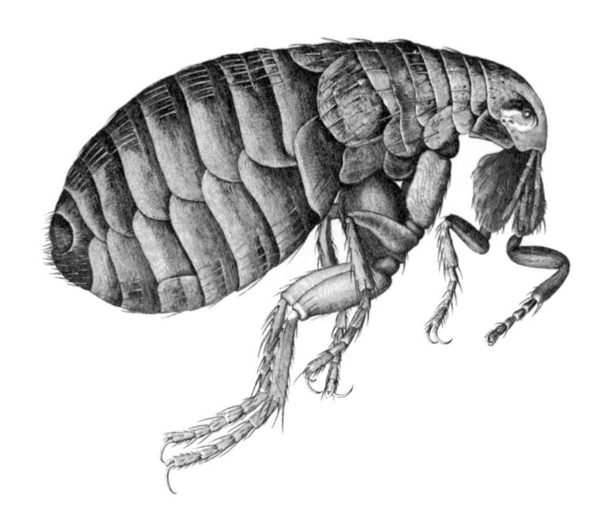

全世界约有 2000 种跳蚤，它们的身长平均为 3 毫米左右，没有翅，却有又长又粗、善于跳跃的足。其中寄生于人体的人蚤，跳跃的距离可达 33 厘米，高度可达 18 厘米，相当于自身高度的 100 多倍，可以说是动物界中的跳高冠军。

跳蚤的寿命相对昆虫来说很长，如果经常吸食血液能活一年多，即使不吸食血液，也能活三个多月。被跳蚤咬过的伤口经常会又痛又痒。这是因为跳蚤吸食人血时，为了能够顺畅地吸到血，会在人的伤口上注入它的唾液。跳蚤的唾液有抗凝血的作用，使血液不断涌出而难以凝固，从而使人奇痒无比。

树林音乐家——蝉

蝉就是我们熟悉的“知了”。夏天的时候，它总会发出“知了——知了——”的叫声。蝉的身体较大，头上有一对像鬃毛一样的短触角，这是蝉的触觉和听觉器官。它的嘴像一根吸管似的，专门用来吸食植物的汁液。雄蝉的腹部有发音器，可以连续不断地发出尖锐的声音；雌蝉则是不会发声的。

蝉是世界上寿命最长的一种昆虫，它们一生中的大多数时间都在地下度过。蝉的幼虫一般在地下生活2~3年，长的要5~6年，甚至更久。在美洲，有一种蝉可以活17年，被称为“十七年蝉”。2004年5月25日，美国总统布什在安德鲁斯空军基地，准备登上“空军一号”总统专机的时候，还遭到了一只红眼睛“十七年蝉”的“贴身骚扰”呢！

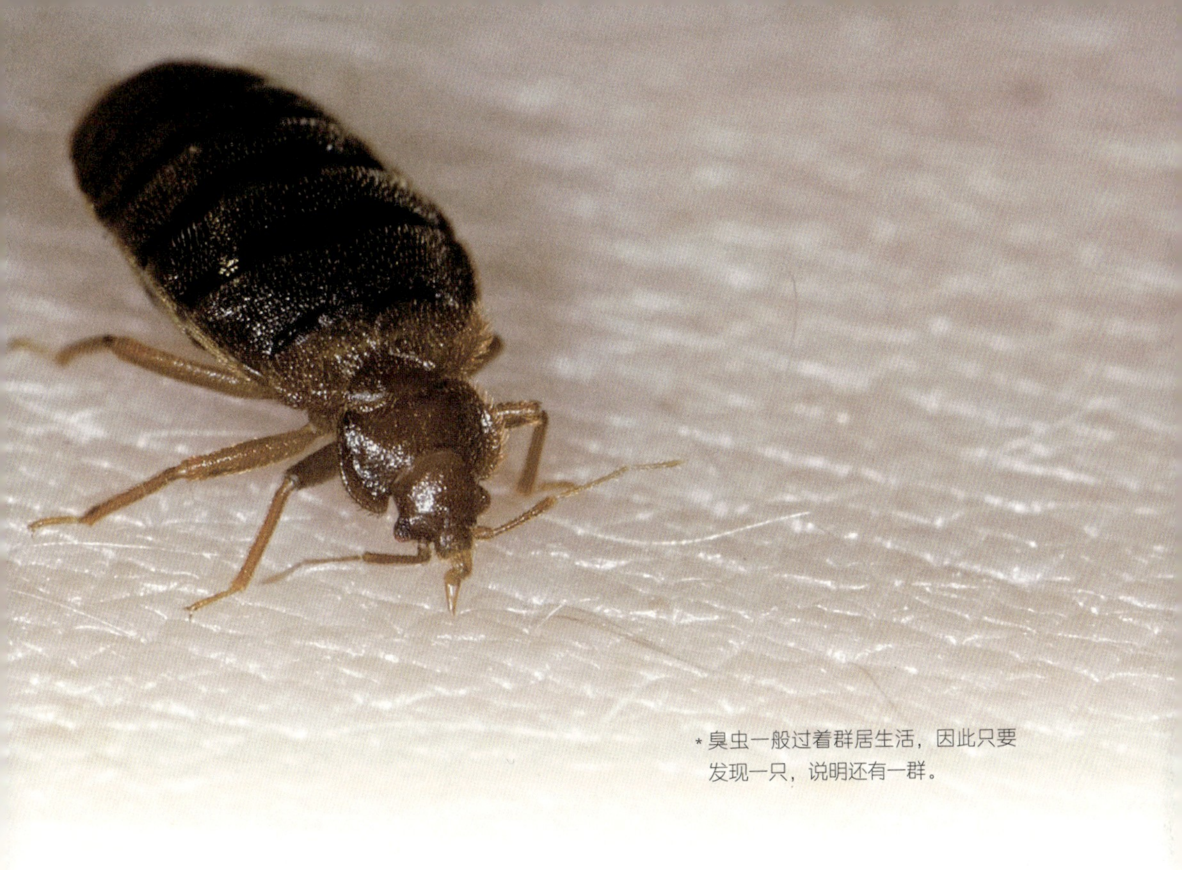

*臭虫一般过着群居生活，因此只要发现一只，说明还有一群。

37 能半年不吃饭的臭虫

臭虫在世界各地都有分布，它们昼伏夜出，专吸人畜的血液。臭虫的身体是扁平的，一般为赤褐色，肚子很大，里面有臭腺。臭虫吸完血后，常常会躲起来慢慢消化，几天后再出来觅食。它们的耐饥能力特别强，即使半年吸不到血，身体饿得扁扁的，也不会死掉。臭虫的吸血速度很快，5~10 分钟就能吸饱。人被臭虫叮咬后，常感到皮肤发痒，过敏的人可能会有明显的刺激反应，伤口多出现红肿、奇痒，搔破后往往会引起细菌感染。

38 花中仙子——蝴蝶

夏季百花盛开之时，常有色彩艳丽的蝴蝶在花中翩翩起舞，仿佛可爱的小精灵。为什么蝴蝶的体色会如此绚烂多彩呢？这是因为它们的翅膀上覆盖着细小的鳞片，好像房顶的瓦片一样层层排列，鳞片中有各种色素，在光线的照射下能反射出不同的色彩，所以我们看到的蝴蝶大多十分漂亮。科学家通过研究发现，这些色素来源于它们的食物——植物叶片内的色素。

蝴蝶翅膀上的鳞片不仅能使蝴蝶艳丽无比，同时还是蝴蝶的天然“雨衣”。因为这些鳞片里含有丰富的脂肪，能把翅膀保护起来，所以即使下小雨，蝴蝶也能飞行。

蝴蝶的一生要经过完全变态的四个阶段：卵、幼虫、蛹、成虫。蝴蝶一般将卵产在幼虫喜食的植物叶面上，提前为幼虫准备好食物。幼虫孵化出

来后，不停地进食，要吃掉大量植物叶子。幼虫的体态多样，有肉虫，也有毛虫。幼虫成熟后要变成蛹。成虫成熟后，从蛹中破壳钻出，但需要一定的时间使翅膀干燥变硬。翅膀舒展开后，蝴蝶就可以飞翔了。

蛾是蝴蝶的近亲，它的一生也要经历四个阶段的变态过程。蛾和蝴蝶长得很像，但它们是有区别的：蝴蝶的翅膀比较宽大，休息时笔直地竖在背上，触角好像两个带圆头的小细棒，肚子瘦长，喜欢在白天活动；蛾的翅膀较小，休息时平铺在身上，触角像细丝或羽毛，肚子又粗又短，喜欢在夜间活动。

农作物的天敌——蝗虫

蝗虫的身体修长，体色呈绿色或黄褐色，体表包有一层坚硬的外壳。它的后足粗壮有力，跳跃的距离可以超过身体的 20 倍。哺乳动物的耳朵都长在头上，而蝗虫却不一样，它的耳朵——听器长在腹部第一节的两侧。

蝗虫是一种危害严重的农业害虫，它们能在很短的时间内把人们辛勤种植的庄稼吞食干净。因此，人们把蝗虫与水灾、旱灾相提并论，称为“蝗灾”。在中国的 300 多种蝗虫中，危害最大的叫作“飞蝗”。飞蝗成群结队飞行，黑压压的像一片乌云，落下来就会啃食大量庄稼。

中国历史上有记载的较严重的蝗灾有 800 多次。1927 年，中国山东发生了蝗灾，700 万人流离失所，四处逃荒。1943 年，河北省黄骅县发生严重蝗灾，蝗虫不仅把庄稼、芦苇吃得一干二净，就连糊在窗户上的纸也被吃光了。

* 蝗虫富含蛋白质、碳水化合物、昆虫激素等活性物质，并含有维生素 A、B、C 和磷、钙、铁、锌、锰等微量元素。有些蝗虫不但是美味佳肴，而且还是治病良药，有暖胃，健脾消食，祛风止咳之功效。

40

昆虫中的『大刀将军』

螳螂是昆虫中的食肉者。它们长着三角形的脑袋，又细又长的前胸拖着一个大肚子，粗大有力的前足就像两把大刀——上面还带有细密的锯齿，那是它们捕食的武器。它们获胜时，威武的样子真像是一位挥着大刀的将军。

当雌螳螂处于饥饿状态时，为了保证自己孕育后代时有充足的营养，常会把刚使自己的卵受精的雄螳螂吃掉。雌螳螂吃雄螳螂时，都是先从头部开始，一点一点地往下吞嚼。每次都要等雄螳螂完全死了，雌螳螂才会把它的下半身吃掉。

第五章

鱼类

鱼类是脊椎动物，
躯体由头、躯干和尾三部分组成。
躯干部和尾部生有胸鳍、背鳍、腹鳍、臀鳍、尾鳍等外部器官。
它们一般终年生活在水中，用鳃呼吸，以鳍游泳。

41

了解水中居民——鱼类

尾巴：鱼在水里转弯，不是向左就是向右。所以对于鱼类来说有一条竖着的尾巴非常实用，可以帮助它们在水里自由地改变方向。

鱼鳔：鱼能够在水里控制身体的沉浮，主要是靠鱼鳔的伸缩来完成的。鱼鳔能够调整鱼的身体和水间的比重，当鱼鳔增大了，鱼就会向上浮；当鱼鳔缩小了，鱼就会沉到水底。

鳞片：鳞片是鱼的盔甲。有了这身盔甲，水中的小虫子和微生物就不容易侵蚀鱼的身体。鱼的鳞片很光滑，能够减少鱼的身体和水之间的摩擦，使鱼游得更轻松。

黏液：为了保护皮肤，鱼的体表能分泌出一

层滑溜溜的黏液，这层黏液就像罩在鱼身上的保护膜，使寄生虫们无法在这里安家落户。

睡姿：鱼没有眼睑，所以睡觉时总是睁着眼睛。不同种类的鱼睡觉的姿势也不一样。有的鱼睡觉时，身体向一边倾斜；有的鱼只管把头在海底安置好，身体其他部位都是竖着的；还有些鱼藏在礁石洞里睡觉。

深海鱼类：深海鱼长期生活在巨大的水压之下，它们已经适应了这样的环境。如果将深海鱼放到浅水中，由于此时身体内部的压力大于外部的压力，它们会很不舒服。如果将深海鱼拿出水面，恐怕它们就会因身体膨胀爆裂而死。

海洋杀手——鲨鱼

鱼类分为软骨鱼和硬骨鱼，鲨鱼属于软骨鱼类。有些种类的鲨鱼十分凶猛，它们的身体表面长着一层坚硬的皮，皮上又覆盖着细小的、有脊状突起的盾鳞。它们身体强壮有力，尾巴一般向上翘起。鲨鱼头部的最前端是尖尖的吻，吻下是一张弯弯的嘴。这张嘴可是令人闻风丧胆，因为鲨鱼嘴里生有锋利无比的三角形牙齿，能把猎物撕碎。因此，人们称鲨鱼为“海洋杀手”。

在海中航行的船只，有时会遇到鲨鱼撞船的情况。鲨鱼把小船撞得摇来晃去，让人胆战心惊。其实，鲨鱼同一些大型海洋动物一样，身上经常寄居一些海蛎、海藻等生物。这些生物使鲨鱼的身体很不舒服，于是鲨鱼就在小船上蹭来蹭去，想甩掉它们。

*鲨鱼的种类特别多，除了我们熟悉的大白鲨、鲸鲨外，还有珠鲨、锯鲨、虎鲨、双髻鲨、扁鲨、姥鲨等。

43

善于自我伪装的鲽鱼

大多数种类的鲽鱼都生活在海里，它们是食肉的鱼类。刚出生的小鲽鱼长得和普通的鱼没什么区别，也是竖着身子游泳。但是，成年鲽鱼的身体会发生很大改变，它们的身子扁扁的，躺在海底，就跟碟子一样。鲽鱼能根据环境的颜色来改变身体的颜色，将自己很好地隐藏起来。有的鲽鱼不但能改变颜色，还能改变身体上的图案。当它们在深海中时，颜色就比较深；到了五颜六色的礁石群中时，它们又会变得色彩斑斓。

成年鲽鱼的眼睛为什么都在同一侧呢？这是因为它们生活在海底，长期平卧在水里，下面的眼睛一直挨着海底，基本没有什么用。为了适应环境，鲽鱼下面那只眼睛就慢慢转移到了上面，这样，它们的两只眼睛可以同时观察上面的动静，更有利于发现敌情。

44

奇形怪状的鱼

鲇（nián）鱼：有些鱼长着像猫一样的胡须，那是鱼的触须。鲇鱼的触须像其他有须鱼一样可以探测路径。鲇鱼大部分时间潜伏在河底的淤泥中，这时它的触须有了更多的功能：既可以探测物体的形状，又可以感觉味道。

刺鲀鱼：浑身长满刺的刺鲀鱼，身体膨胀时就像一个大皮球。遇险时，刺鲀鱼会张嘴大口吞咽海水和空气，使自己的身体膨胀起来，身上的刺也随之竖立起来，这样，它的敌人就无从下口了。

旗鱼：这种鱼的背鳍长得像一面大旗，当它游泳时，能使水流向两侧分开，减少海水的阻力。旗鱼是海洋中游速最快的鱼类之一，它的速度每小时能超过 80 千米。

金鱼：它们起源于中国。起初，古人把又肥又短的红鲫鱼家养起来，用来观赏。之后，经过一代一代的改良，就有了形态各异、五颜六色的金鱼了。

45

习性奇特的鱼

* 鲣鱼为暖水性上层洄游鱼类，白天出没于表层至260 米水深处，夜间上浮。它们的主要食物是沙丁鱼及其他鱼的幼鱼、乌贼、软体动物、小型甲壳类动物。

鲣（jiān）鱼：在热带海洋中生活着一种终生都在不停游泳的鱼，这种鱼叫“鲣”。鲣的身体呈纺锤形，两侧有数条青色的线，嘴巴尖尖的。它不停地游泳，是因为它需要的氧气量很大，只有通过水流频繁地进入口中来获取更多的氧气，才可以维持生命。

飞鱼：这种鱼在遇到危险时，会以每小时 30 千米的速度冲出水面，展开两个像翅膀一样的胸鳍，在空中滑翔。它的尾巴也会不断地摆动，推动身体向前。飞鱼可以在空中向前滑翔 400 多米，然后落入海水中继续游泳。这样，飞鱼就可以快速摆脱敌人的攻击。

* 雄刺鱼是鱼类中的慈父，
它体格强壮，性情温柔。

刺鱼：每到春天，雄刺鱼便在河水中盖好房子，准备迎娶新娘。这时如果有雌刺鱼和它一见钟情，它们就立刻到新房中结为伴侣。它们结婚的速度极快，从相识到完成鱼卵受精，总共只需要一分钟。

大马哈鱼：一种非常名贵的鱼类。它们发育成熟后，便从白令海等一些寒冷的海域向温暖的海域游来，经过艰难险阻，洄游到中国的黑龙江和松花江一带产卵，真可谓是万里长征啊。

红绸鱼：一种生活在红海、南海的小鱼。通常情况下，一群红绸鱼中只有一条雄鱼，这条鱼负责整个鱼群繁殖后代的工作。如果雄鱼死去，就会有一条雌性的红绸鱼变成雄红绸鱼，继续完成上一任雄鱼的任务。

* 大马哈鱼有很高的经济价值，不仅肉味鲜美，鱼子更为名贵。但是现在，野生大马哈鱼的数量越来越少了，我们大家应该携起手来，保护它们。

46

能够直立行走的鱼

每种鱼都有各自的颜色和形态，这是它们受环境的影响、为了适应环境而演化形成的。热带海底植物的颜色都很鲜艳，热带鱼色彩艳丽的体色就是和周围颜色相统一的结果，这有利于它们捕食和逃避危险。

海马俗称“龙落子”，属于硬骨鱼纲，是唯一直立游泳的鱼。它的身体侧扁，头很像马头，所以人们才叫它“海马”。海马没有防御敌人的本领，却特别会伪装自己。它们用蜷曲成螺旋形的尾巴把自己缠在海藻上，使敌人无法分辨哪是海藻，哪是海马。

海马生育后代的方式非常特别，与普通的生育方法恰恰相反，都是母鱼追求公鱼，当公鱼接受母鱼后，母鱼就将卵子产到公鱼的育儿袋里。一段时间后，小海马就从爸爸的育儿袋里孵化出来了，所以有人说小海马是爸爸生出来的。

会爬行的鱼

大部分鱼类如果离开水一段时间，就会缺氧窒息而死，但有一种叫弹涂鱼的动物，却可以爬到岸上来，它们甚至还能爬到树上呢。

弹涂鱼能在陆地上运动，这要归功于它发达的胸鳍，它们的胸鳍能够前后运动，非常灵活，类似于爬行动物的前肢，可以带动它们的身体向前移动。

弹涂鱼为暖水性近岸小型底层鱼类，喜欢栖息于河口、港湾及沿岸浅水区，尤其喜欢在泥里钻洞。只要身体足够湿润，它们便能较长时间露出水面生活，弹涂鱼以浮游动物、昆虫等为食。

第六章

两栖动物和爬行动物

两栖动物是最原始的陆生脊椎动物，
幼时生活在水里，用鳃呼吸，
长大后大多生活在陆地上，用肺或皮肤呼吸。
体温不恒定，随气温的变化而改变。
爬行动物属于脊椎动物门，体表覆有鳞片，用肺呼吸。
它们的皮肤缺乏腺体，干燥，不透水，
无法保持体温，因此体温随外界温度的变化而改变。
爬行动物中的典型代表有蛇、鳄鱼、乌龟等。

两栖动物中的『跳远能手』——青蛙

青蛙的前肢短小，但后肢肌肉发达，而且关节的伸缩角度也非常大。如果青蛙想向前跳跃，它就先使后肢肌肉收缩，依靠短时间产生的弹力，使整个身体向前跃进。一只青蛙一次最多可以跳 10 米远呢！

青蛙的眼睛只能看见活动的物体，对那些静止的物体则视而不见。青蛙的眼睛使科学家们受到了很大的启发，他们根据青蛙眼睛的特殊结构，研制出了一种可以看见空中飞行物的电子蛙眼。如今，一些飞机场已经安装了这种电子蛙眼，它不仅能监视飞机的起飞、降落以及在机场上空的飞行情况，还能够及时报告机场发生的意外情况。

49

各种不同的蛙

牛蛙：北美有一种大型的蛙——牛蛙，它可算是蛙中的“巨人”，体长可达 20 厘米。因为它那哞哞的鸣声很像牛的叫声，所以得名“牛蛙”。

树蛙：翠绿色的树蛙生活在树、竹子和芭蕉上面，它们身材娇小，只有 5 厘米长。树蛙的脚趾很长，生有特殊的吸盘，能够紧紧地吸在树枝上。它脚趾的末端还有扁平的趾垫，能分泌出黏液，因此即使在薄薄的树叶上行走，也不会掉下来。

紫蛙：这是在印度西部发现的一种蛙，它常年生活在地底的洞中，只在雨季才会短暂出洞求偶。

箭毒蛙：这种蛙多产于美洲热带地区。许多箭毒蛙的表皮颜色鲜亮，多半带有红色、黄色或黑色的斑纹。这些蛙的皮肤中含有致命的毒素，当地印第安人常用蛙毒擦拭箭头，以便捕杀猎物。

50 蟾蜍和青蛙的区别

平常蟾蜍都住在隐蔽的草丛、洞穴或石缝中，但是到了春天，它们都出来聚在小河沟或池塘里，开始繁殖。蟾蜍繁殖需要水，有时如果水源比较少，大批的蟾蜍就会聚在有淡水的地方一块产卵。

蟾蜍和青蛙的模样很像，但它们是两种不同的两栖动物。蟾蜍的身体肥胖，四肢粗短，身体表面还布满了难看的小疙瘩。这些疙瘩里面有毒腺，能分泌出黏液。蟾蜍还可以用舌头直接喝水。而青蛙的身体大多为绿色，雄的有发声器官，叫声很响，用皮肤吸收水分。

51 两栖动物中的罕见成员

大鲵：一种生活在山谷的溪水中的两栖动物，它们发出的叫声就像婴儿在啼哭，人们叫它“娃娃鱼”。娃娃鱼学名叫“大鲵”，是中国珍稀的两栖动物。大鲵的头扁平而宽阔，四条腿又短又胖，皮肤光滑细腻，喜欢生活在澄清的水中。

蝾螈：一种有尾的两栖动物，它们广布于北非、欧洲、亚洲东部及北美东部和南部，以北温带为主，仅少数种类渗入亚洲的亚热带和热带地区。中国常见的是东方蝾螈，人们简称为蝾螈。绝大多数属种的蝾螈皮肤会分泌毒素，不同属的蝾螈放在一起常常发生中毒致死现象。

* 蝾螈入药可除湿，止痒，镇痛，清热解毒。也可用于治疗皮肤痒疹，烧、烫伤。

最长寿的动物之一——龟

龟是一种古老的爬行动物，也是最长寿的动物之一，有的种类可以活到 300 多岁。所有的龟都有一个又厚又硬的甲壳，爬行起来非常缓慢。龟身上最灵活的部位就是脖子，这便于它们寻找食物。龟没有锋利的牙齿，但它们也有保护自己的办法：一旦有危险发生，就将全身缩进硬壳里（有的种类不能彻底做到）。其他动物在硬壳上咬两下，发现实在难以入口，就只能放弃走开了。等没有了危险，龟再从硬壳中伸出四肢和头继续活动。

龟的种类很多，分布的地区非常广，海洋、河流、湖泊、沼泽，甚至山涧、沙漠中都有它们的身影。为了适应不同的环境，龟的壳和四肢进化出了不同的类型：陆龟的腿又粗又壮，像四根柱子，有爪，壳是高高隆起的；塘龟因既在陆地上又在水中活动，腿较瘦，爪间有蹼，龟壳较平；海龟为了适应海中的生活，四肢已经进化成鳍状，龟壳也变成了适于游泳的流线型。

* 在龟类王国里，不同龟种寿命长短不一，有的龟能活 100 年以上，有的龟只能活 15 年左右。

蜥蜴大家族

世界上有 4000 多种蜥蜴，它们的形状和大小各不相同。有的蜥蜴身体庞大，如科莫多龙；有的蜥蜴身体娇小，如壁虎；有的蜥蜴色彩艳丽；有的很不起眼，与周围的环境融为一体。蜥蜴的生活范围也很广，从寒带到热带，从高山到平原，从河湖到大海，都有它们的踪迹。大多数蜥蜴是肉食性动物，主要以昆虫、其他蜥蜴为食，有些还能捕食小型的哺乳动物。一小部分蜥蜴以植物为食，有的吃植物的茎叶，有的吃果实，还有的吃海藻。

有些蜥蜴遇到危险时，常常会断掉尾巴来逃生，人们称这种现象为“自截”。自截可在尾巴的任何部位发生，但断尾的地方一般不是在两个尾椎骨之间的关节处，而是发生于同一椎体中部的特殊软骨横隔处。尾巴断掉后还可以在原处长出一条新的尾巴，但有时候，尾巴并未完全断掉，于是就会出现两条尾巴，甚至三条尾巴的现象。

54

可怕的鳄鱼

鳄鱼的外形非常凶猛可怕，人们都望而生畏，但是大多数鳄鱼并不会主动攻击人类，只有少数极为凶猛的鳄鱼才会主动攻击人类，比如，湾鳄和尼罗鳄。尼罗鳄以凶猛著称，可以捕食包括人在内的大型哺乳动物，也捕食鱼、鸟和小型鳄鱼等。

世界上最大的鳄鱼是湾鳄。湾鳄非常凶猛、狡猾，总是伪装成沼泽地中的一块烂木头，吸引猎物上当。有时候，它甚至会咬烂捕鱼的小船。生活在中国的扬子鳄是世界上最小的鳄鱼品种之一。它的体长通常不超过 2 米。扬子鳄是我国特有的物种，数量非常少，是珍贵的野生动物，受到国家的重点保护。

当鳄鱼幼仔从卵中孵出后，雌鳄就把它们吞入口中，装在位于下巴内的袋囊中，爬到附近水域再吐出来。由于鳄鱼的嘴部很长，它张开嘴巴时，看不到前面的景物，在吞食时，就把它前面的猎物全部吞入肚中，有时也会误吞自己的幼仔。

鳄鱼也有好朋友，它叫燕千鸟，也叫鳄鸟。这种鸟喜欢啄食鳄鱼身体上的寄生虫，还会跳到鳄鱼的嘴里啄食塞住牙缝的肉渣，这使鳄鱼感到十分舒服，因此从来不会伤害它。有时候，鳄鱼会忘记好朋友正在嘴里工作，将嘴巴合上，不过不用担心，只要燕千鸟轻轻敲击鳄鱼的牙，鳄鱼就会再次张开大嘴，让小鸟飞出来。

55

会变色的变色龙

在热带地区，生活着一位奇特的居民，其身体的颜色经常随外界环境的变化而变化，它就是避役，人们又叫它“变色龙”。避役属于爬行动物。在一天中，它可以使身体变换六七种颜色：在枝叶繁茂的绿树丛中时，它的身体会变成绿色；在枯黄的树干中间时，它的身体会变成暗黄色；到了黎明时分，它的身体又变成暗绿色。当遇到敌害时，避役会发出奇怪的叫声，这时身体会出现五色的斑点。总之，它总能使身体的颜色与周围的环境尽量协调一致，从而将自己隐蔽起来。

科学家们发现，避役的皮肤里有许多色素细胞，它们决定了其身体的颜色。当周围环境发生变化时，这些色素细胞会随温度、湿度、光照强弱的变化，进行扩散或聚集，于是避役的身体表面就会变色。避役变色可不是为了好玩，而是一种高明的伪装术，这既能骗过敌害的眼睛，便于保护自己，又能迷惑捕食对象，从而轻而易举地接近猎物。

56

永远睁着眼睛的壁虎

壁虎喜欢生活在人类住宅的庭院中，常常为人类捕捉害虫。如果你稍加注意就会发现，壁虎的眼睛始终是睁着的，就连睡觉也不例外。因为，壁虎的眼睛虽然很大，但却没有上眼睑，所以永远也闭不上。

壁虎的趾垫上有成千上万的发状刚毛，它们能紧紧地抓住粗糙的墙壁表面，因此壁虎可以在墙壁和屋顶上自由穿梭。据统计，一只壁虎一天能消灭几十只，甚至上百只害虫，因此有人称它们是夏秋季节的“除害专家”。

57

令人毛骨悚然的蛇

蛇是无脚的爬行动物，它能有节奏地收缩肌肉，使腹部的鳞片展开或闭合，同时借助与地面或其他物体的摩擦来带动身体“走路”。如果把蛇放在光滑的玻璃上，它将会寸步难行。

蛇经常会吐出它那带叉的舌头，令人毛骨悚然，其实那并不是它们示威的动作。舌头是蛇的感觉器官，它们用舌头来搜集身体周围环境中的气味。

蛇分为有毒蛇和无毒蛇。被有毒的蛇咬伤后，可能会中毒身亡。但是无毒的蛇不仅不咬人，还能够捕捉老鼠，为庄稼除害，所以无毒蛇还是对人类有益的动物呢！

* 现代许多生物学家认为，蛇类是由蜥蜴类进化、衍生而来的。相对于蜥蜴，蛇的身体更为狭长，为了适应这种狭长的身形，它们成对的内脏，如肺、肾等，在蛇体内前后排列，而非左右互对。

蟒能吞下比自己大得多的食物

蟒蛇的嘴很大，能吞下比自己身体还大的食物。蟒蛇的两块下颌骨由韧带连接，整个下颌骨又与方骨连接，因此当它们吃食物时，嘴巴可以张开到 150° 左右。蟒蛇的口腔内长有像倒钩一样的牙齿，能左右交替活动，把猎物整个吞下去。蟒蛇也没有胸骨，所以身体能够自由扩张。它们的口腔中可以分泌润滑液，有利于吞咽食物。正因为如此，蟒蛇才能把比它们大的食物吞进肚子里。

59

可怕的毒蛇

全世界有 600 多种毒蛇，毒蛇的毒牙里有毒液，这不仅是它们捕食的武器，也是它们消化食物的必要材料。毒蛇不吃被毒液浸泡过的食物就会严重消化不良，最终活不长久。

据统计，每年有不少人死于毒蛇咬伤，其中大多数是被眼镜蛇所伤。眼镜蛇的模样很可怕，当它们被激怒时，原本圆圆的长满花纹的脖颈会变得又扁又宽，脖颈处那一对白色环纹活像一副奇怪的眼镜。眼镜蛇生性残忍，不仅会吞食小动物，有时甚至连自己的同伴也不放过。眼镜蛇的嘴里有两颗毒牙。这两颗毒牙有点儿像打针的针头，当它们咬到猎物后，毒牙里就会射出毒液，把猎物毒死。在南美洲的热带丛林中，有一种眼镜蛇能把毒液喷出 4 米远，从而毒死远处的动物。如果这种毒液射进

* 人一旦被蛇咬伤，应立即送往医院，同时在现场可以立即做一些常规处理，如用 5~7 根火柴头烧灼伤口，以破坏局部的蛇毒；也可用针刺或拔火罐的方法，除去伤口或周围的毒液。但如果被血循毒类毒蛇（如蝰蛇、铬铁头、竹叶青、五步蛇）咬伤，伤患者不宜针刺或拔火罐，以免伤口流血不止。

人的眼睛里，就可能会导致失明。

在美洲，还生活着一种毒性很强的蛇——响尾蛇。它们的尾部有中空的角质环，每次蜕皮后都会增加一个环。当这种角质环达到 8 节时，响尾蛇只要轻轻晃动尾部，就可以发出“嘎啦、嘎啦”的声音，距离 30 米外都能听到。响尾蛇的毒性虽然不如眼镜蛇的毒性强，但是它能通过尖利的毒牙给猎物注射大量的毒液。毒液会在短时间内发生作用，使猎物麻痹或死亡。

科学家调查发现，眼镜蛇虽然是最大的毒蛇，但却不是最毒的蛇。据说，海蛇的毒液可比眼镜蛇厉害多了，一条虎蛇能毒死 300 只羊。但是，它们如果遇到大洋洲的细鳞太攀蛇，也都得甘拜下风。

第七章

鸟类

鸟类是卵生的恒温脊椎动物，有羽毛和喙。
鸟类的身体通常是纺锤形的，
骨骼不但轻、硬，而且中间还有充满气体的空隙。
羽毛是鸟类独有的特征，大多数鸟类善于飞行，
鸵鸟、企鹅和家养的鸡、鸭等例外。

60

鸟儿的奇怪特性

鸟类根据是否迁徙以及迁徙方式的不同，大概可以分为留鸟、候鸟两大类。终年留居于栖息区以内的鸟，统称为“留鸟”。留鸟一般终年生活在同一地域内，或者有沿着山坡进行短距离迁移的习性。一年中随着季节的变化，定期地沿相对稳定的路线，在繁殖地和越冬地之间进行远距离迁徙的鸟类，叫“候鸟”。

我们经常会看见小鸟停站在裸露的电线上，它们为什么不会触电呢？这是因为鸟类落在电线上时，它们的双脚只站在一根电线上，所以不会触电。

一般鸟妈妈从外面捕食回来后，总是把食物喂给那些伸长脖子、张大嘴巴努力抢食的小鸟。鸟妈妈为什么不把食物平均分配给孩子们吃呢？这是因为，那些身体虚弱，连自己兄弟姐妹都竞争不过的小鸟，最终会被大自然淘汰，而这也是大自然残酷的一面。

61

喜欢把巢筑在屋檐下的燕子

* 燕子主要以蚊、蝇等害虫为食，属于益鸟。一只正在哺育幼鸟的燕子，在哺育期内，能消灭掉 25 万只昆虫。因此，我们应该保护人类的朋友——燕子。

燕子为什么喜欢把巢筑在屋檐下呢？这是由于燕子筑巢主要是为了产卵和哺育幼鸟，屋檐下又宽又平，很符合燕子筑巢的要求。而且，猫和其它猛禽都到不了这里，燕子幼鸟就可以安全地住在这个地方，直到长大并学会飞行。

下雨之前，燕子还能提前向我们预报天气。这是因为下雨前，空气中的湿度大，而且气压很低，昆虫们都在低空飞行。这时是燕子捕食的好时机，为了获得更多的食物，燕子们便会飞得很低，以便捕食昆虫。

62

世界上最小的鸟——蜂鸟

世界上最小的鸟是蜂鸟。蜂鸟共有 300 多种，集中分布在美洲，绝大部分种类都长得很小，身长和我们的大拇指差不多，其中最小的体重甚至可能不足 2 克。

蜂鸟飞行时，翅膀的振动频率非常快，每秒钟在 50 次以上，速度可以达到每小时 50 千米，因此人们很难看到它们。最令人吃惊的是，蜂鸟的代谢非常快，它们的心跳也比其它鸟类快。

蜂鸟的翅膀强健有力，它们可以在空中悬停以及向左和向右飞行，这有利于它们停在花朵前取食花蜜或捕食昆虫。同时，蜂鸟也是唯一可以向后飞行的鸟。有时，蜂鸟在飞行时，翅膀还能发出“嗡嗡”的声音，就像小蜜蜂一样。

* 吸蜜蜂鸟是世界上已知鸟类中最小的鸟。最大的蜂鸟是巨蜂鸟，但其体重也只有 20 克左右。

63 被誉为『森林医生』的啄木鸟

世界上有 200 多种啄木鸟，它们都以啄食树干中的虫子为生。大多数啄木鸟属于留鸟，它们能消灭掉躲藏在树干里过冬的害虫和这些害虫的卵。科学家经过调查发现，95% 以上的过冬害虫都能被啄木鸟消灭掉，因此人们把啄木鸟称为“森林医生”。

啄木鸟寻找食物时，会不断啄击树干，发出“笃笃”的声音。它们能从声音的变化中，找到害虫藏身的位置。啄木鸟的舌头很长，当它们凿开树洞发现嘴够不到小虫时，它们就会把长约 14 厘米的舌头伸进去取食。同时啄木鸟的舌尖上还有倒钩和黏液，不论是多么狡猾的虫子都逃不掉。

64

生活习性特殊的鸟

织布鸟的种类繁多，多数栖息于非洲热带地区，大部分实行一夫多妻制。

最不负责任的家长——杜鹃

杜鹃妈妈是鸟类中有名的懒妈妈，它们把蛋产在其他鸟的窝里，让别人替自己孵化和养育孩子。通常，杜鹃妈妈会寻找适当的机会，趁着别的鸟没有防卫时，迅速把蛋产进它们的窝里，让别的鸟毫无察觉，白白替它们履行育儿的义务。

组队迁徙的典范——大雁

世界上大约有 4000 种候鸟，大雁是其中的一种。大雁为了在冬天也能获取充足的食物，在秋天时就开始向南方迁徙。它们在长途跋涉时非常守纪律，总会组成“人”字形或“一”字形。

“织布”高手——织布鸟

生活在热带地区的织布鸟会用柳枝、草叶来编织精美的鸟巢。它们首先选择一个安全的地点，把采集来的细枝和草叶用嘴围成一个圈，然后再在此基础上逐渐编密。它们将葫芦形鸟巢织好后，只留下底部的一个出口，出口朝下，从出口到巢内还有一个像细瓶颈一样的通道，雨水进不去、阳光射不进、天敌也不容易进入。它们编织完毕后，还会在巢内放入一颗小石子，这样即使刮大风，鸟巢也不会被轻易掀翻。

善于学舌的鸟——鹦鹉

鹦鹉能模仿人类的语言，常常被人们当成宠物来喂养。鹦鹉学舌，仅仅是一种仿效行为，其实它们并不懂话的含义。实际上，能够通过教学来提高学习兴趣和积极性的鹦鹉只占少数，大多数鹦鹉是难以形成这种本领的。客人来了说“您好”，客人走了说“再见”，都是在长期训练下形成的条件反射。鹦鹉经训练后，还可以表演许多新奇有趣的节目，例如，钻圈、接食物、骑自行车、拉车、翻跟头等。

鹦鹉的种类很多，世界上最大的鹦鹉是金刚鹦鹉，身长可以达到 1 米。费氏情侣鹦鹉会与伴侣形影不离，而且多会厮守终生。吸蜜鹦鹉主要以花粉、花蜜、果实为食，大多羽色鲜艳。它们为了能够适应环境，喙与舌头进化得比一般鹦鹉的长，更特别的是它们的舌头上有刷状的毛，这便于它们深入花朵中获取食物。

66

被尊为国鸟的孔雀和琴鸟

孔雀属于观赏鸟，常见的有绿孔雀、白孔雀和蓝孔雀，大都生活在亚洲的热带地区。孔雀的胆子很小，不善于飞行，羽毛很长。它们总是小心翼翼地翘着尾巴走路，当遇到危险时，就会一边尖叫着向同伴发出警报，一边飞到树上躲藏起来。孔雀身上的羽毛鲜艳美丽，同时带有金属光泽。在印度，人们认为孔雀是吉祥的象征，蓝孔雀还被封为印度的国鸟呢！

雄孔雀有长长的尾羽，开屏时全部竖起展开，美丽极了。目前，对于孔雀开屏的原因有两种主要的见解：一种认为，雄孔雀为了吸引雌孔雀的目光，就会展开五彩缤纷的尾羽炫耀。另一种认为，雌孔雀主要负责抚育后代，深颜色的羽毛比较隐蔽，而雄孔雀开屏时的图案好像睁开了成百上千只眼睛，可以吓走那些居心叵测的敌人。

澳大利亚的国鸟——琴鸟同孔雀一样，也是一种非常美丽高雅的鸟。雄性琴鸟的尾巴十分华美，因其开屏时，尾羽的形状很像希腊的七弦琴而得名。琴鸟的“琴声”并不是来自那像琴一样的尾巴，而是来自它

* 在澳大利亚的热带雨林中，生活着一种稀有的琴鸟，它能模仿牛的叫声，堪称“口技大师”。

们美妙的歌喉。琴鸟能模仿许多动物的叫声，声音十分宛转动听。

在繁殖季节，雄琴鸟会建造一个小山丘或选好一处高高的树枝作为自己的领地，警告别的雄琴鸟不得侵入。然后，它们开始炫耀表演：首先站在树上“高声歌唱”，借此来吸引雌鸟的目光，然后竖起尾巴又唱又跳，尽情展示自己的才华，直至吸引来雌鸟，达到交配的目的。

67

喜欢睁一只眼闭一只眼的鸟——猫头鹰

猫头鹰是人类的好朋友，是出色的“捕鼠专家”。它们吃的食物中，95% 是野鼠，一只猫头鹰在一个夏天就可以帮农民从野鼠嘴里抢回 1 吨粮食。猫头鹰是夜行性的鸟类。白天强烈的阳光会对猫头鹰的眼睛产生强烈的刺激，它们很不习惯，只好闭目养神，如果听到什么动静，就睁开一只眼睛，观察周围情况。

在北极地区，生活着一种全身雪白的猫头鹰，叫作“雪鸮（xiāo）”。它们喜欢捕食旅鼠、野兔等小动物。雪鸮的羽毛厚而暖，为了适应环境，到了夏天它们就会换上褐色的羽毛，使身体的颜色与周围的环境保持一致。由于这里有极昼和极夜现象，因此雪鸮白天晚上都能出来活动。

猫头鹰的眼珠不能转动，头却非常灵活，能

* 猫头鹰一旦判断出猎物的方位，便会迅速出击。猫头鹰的羽毛非常柔软，翅膀有密生的羽绒，因而猫头鹰飞行时产生的声音极低，一般的哺乳动物是听不到的。

转动 270°，这使它们的视力范围非常宽广。猫头鹰的眼睛只能感受到黑色和白色，但在黑暗中看东西的本领可比人类强多了。虽然猫头鹰的眼神不错，可它们捕猎主要不是靠看，而是靠听。猫头鹰的左右耳是不对称的，左耳道明显比右耳道宽阔，而且左耳有很发达的耳鼓。猫头鹰面部的羽毛呈辐射状向外，形成一个圆圆的“面盘”，作用就像一个声音接收器。

猫头鹰听到声响，就会将头转过去，这就好像人听到响动后侧耳倾听一样。猫头鹰的面盘不断搜集声波，头轻微转动，使声波传到左右耳的时间产生差异，从而锁定声源的位置。很快，猫头鹰便能瞄准猎物，飞快地俯冲下去。即便这时猎物在移动，猫头鹰也会迅速校正、瞄准，最终捕到猎物。

善于奔跑的鸵鸟

鸵鸟是现存最大的鸟类，成熟的雄鸵鸟最高可达 3 米。鸵鸟主要以植物为食，没有水也能生活很长时间。鸵鸟的蛋颜色似鸭蛋，重达一两千克，是鸟蛋中最大的，而且蛋壳坚硬，可承受住一个人的重量。

鸵鸟不会飞，这是因为它们长期在沙漠中奔跑，逐渐适应了环境，翅膀退化了。鸵鸟的翅膀虽然不能用于飞翔，但是却能帮助它们在极速奔跑或者转弯时保持身体平衡。鸵鸟的脚长得很特别，两个脚趾一个大，一个小，全部向前生长。趾下长有厚厚的肉垫和角质皮，这样在沙漠里行走时就不至于陷入沙里，也不会被热沙烫伤。因此，鸵鸟非常适合在沙漠中生活。

长有『口袋』的鸟——鹈鹕

鹈鹕（tí hú）生活在水边，它们的身体长度约 180 厘米，脚上有蹼，因此非常适于水生环境。鹈鹕有一张奇怪的大嘴——上面像个尖尖的钳子，下面挂着一个大“皮兜”，这是它们贮存食物的口袋。这个口袋根据需要能伸能缩，像一个大渔网，凡是落“网”的鱼儿都逃脱不了。

鹈鹕喜欢群居生活，常常和伙伴们一起捕鱼。发现鱼群时，所有的鹈鹕会迅速排成直线或围成半圆形，齐心协力把鱼群赶向河岸边水浅的地方。这时，它们就边游泳（或涉水）边张开大嘴，把鱼和河水都收到大嘴中，然后闭上嘴巴，收缩皮囊把水挤出来，鲜美的鱼儿便被留在了皮囊中。

企鹅不怕冷的秘诀

世界上有近 20 种企鹅，都生活在南半球。无论哪种企鹅，背部的羽毛都是黑色的，腹部则是雪白色。在人们的印象中，企鹅都生活在冰雪覆盖的南极，是冰雪、寒冷的象征。其实不然，从赤道到南极大陆，都有企鹅的影子，而且生活在温带的企鹅的种类是最多的。

当然，也有许多企鹅生活在南极圈内，那里终年气候寒冷，但企鹅却照样能繁衍生息。这是因为生活在那里的企鹅身体上覆盖着层层叠叠的小羽毛，上面还有一层厚厚的油脂，起到了防水的作用。在紧贴皮肤的地方，还有更加柔软轻便的绒羽，皮肤下面覆盖着厚厚的脂肪，这些优点使得它们可以经受住刺骨严寒。

企鹅的腿看上去非常短，它们的腿并不像其他动物一样和肚子相连，而是像人那样直接长在臀部。这种结构使企鹅不管是站立还是走路，都必须把身体挺得笔直。当企鹅要从高处去到低处时，就会趴在冰面或雪地上，用两条小短腿推动整个身体向前滑行。

企鹅擅长游泳，而且潜水本领也很棒。企鹅一次可以在水下待 20 分钟，最多可以下潜到 200 米深的海里。它们凭借着流线型的身体，在水中来去自如，可谓是鸟类中“最出色的潜水员”。

第八章

哺乳动物

哺乳动物是脊椎动物门中最高等的一个类群，
一般分头、颈、躯干、四肢和尾五个部分；
用肺呼吸，体温恒定，是恒温动物；
脑较大而发达，哺乳，大多为胎生。
哺乳和胎生是哺乳动物最显著的特征。

71

人类的近亲——类人猿

类人猿属于灵长类动物，包括猩猩、黑猩猩、大猩猩等。类人猿没有尾巴，与其他动物相比，它们的大脑比较复杂，有时候还能像人类那样用双脚直立行走，也能组成一个个较小的家庭。

猩猩又叫红猩猩，身披淡红色长毛，上肢长下肢短。雄性猩猩的体重约为雌性的2倍。猩猩比较孤僻，往往单独生活。猩猩属于杂食性动物，它们会吃果实、嫩叶和树皮，也会吃昆虫和鸟蛋等。

黑猩猩生活在非洲的雨林和草原上。和猩猩不同，黑猩猩性格活泼，喜欢过集体生活，经常几十只生活在一起。黑猩猩最像人类，能用声音、姿势和面部表情来交流。高兴时，它们会直立、跺脚和尖叫；生气时会瞪眼。它们还会使用工具，比如，它们会选用合适的细枝插入白蚁巢中来获取食物，有时也会用树叶舀水来喝。

大猩猩是数量稀少的灵长类动物，生活在非洲赤道地区的热带雨林中。在类人猿中，大猩猩最魁梧强壮，力大无比，就连大象和狮子也会尽量避免与它发生争执。大猩猩也喜欢过集体生活，它们基本上都在地面上生活。别看大猩猩浑身黑毛，长得十分凶猛，但性情却很温和，只有当遇到其他动物入侵时，它们才会通过吼叫、跳跃、拍打胸部等方式来吓退敌人。

* 一些科学家认为，能否讲话的关键在于神经系统对气流的控制，人能够很好地控制与发声有关的各部分隔膜和肌肉，而黑猩猩做不到。这就解释了黑猩猩为什么不能讲话。

72

猴子身上的秘密

猴子也是灵长类动物，它们中的大多数吃东西都特别快，好像不用嚼似的。实际上，猴子确实没有嚼碎全部食物，也没有把所有食物都咽进肚子里，而是将多余的食物放进了口腔两侧的颊囊里贮藏起来，等到有时间时再慢慢咀嚼，吞咽进胃里。

我们经常能看见猴子互相搔身子，好像在找吃的。这是因为猴子也需要吃盐，平时它们吃的东西里盐分很少，猴子身上出汗，汗水蒸发后，就变成小盐粒，它们互相在身上抓搔，实际上是在找毛发里的盐粒吃。

猴子喜欢过集体生活，经常近百只群居在一起，形成一个小社会。在一群猴子中，最强壮的公猴是“猴王”，它统率全群，有至高无上的权力，时常威风凛凛地在猴群中巡视。“猴王”的手下有“二猴王”“三猴王”。老猴王一旦死去，猴群中几只最强壮的成年雄猴就会展开激烈的搏斗，最后胜利者成为新一任猴王。

73 猴子家族中的特色成员

猕猴：我国常见的一种猴，体长五六十厘米，头部呈棕色，背上部呈棕灰或棕黄色，下部呈橙黄或橙红色，腹面呈淡灰黄色。

吼猴：这种猴的身上披有浓密的毛，多为褐红色。最引人注目的是它们那巨大的吼声。有时十几只吼猴在一起同时用它们特有的“大嗓门”发出巨吼，一两千米外都能清楚地听到。

山魈（xiāo）：被认为是最凶狠和最大的猴子。它的身长可达 80 厘米。山魈剽悍强壮，凶猛好斗，能与中型猛兽搏斗。它们喜欢群居，主要以嫩枝叶、野果及鸟、鼠、蛙、蛇等为食。

指猴：一种长相奇怪的动物。它们是世界上最小的猴子，新生猴只有蚕豆般大小，重 10 多克，长大后身高也仅有 10~12 厘米。

74 金丝猴名字的由来

因为金丝猴有一对朝天的鼻孔，所以动物学上称它们为“仰鼻猴”。人们之所以称其为“金丝猴”，是因为世界上最早发现的仰鼻猴是生活在中国四川、陕西、甘肃这些地方的川金丝猴。川金丝猴浑身上下披挂着一身金灿灿的长毛，在阳光的照耀下更加亮丽耀眼，因此俗称“金丝猴”。

后来，人们又在云南、西藏发现了同种类的猴子，虽然它们的毛是灰色或者黑色的，但因为习惯了之前的叫法，就继续称之为“金丝猴”了。

* 金丝猴对生活环境要求很严格，一旦发生变化或者有任何风吹草动，它们就会伺机转移。

善于通力协作的狒狒家族

狒狒是一种凶猛好斗的动物，但它们害怕孤独，喜欢过集体生活。在狒狒群中，体格最健壮的雄狒狒担任首领，其他成员都很尊重它并服从它的指挥。集体行动时，首领走在最前面，雌性狒狒和年轻狒狒紧随其后，需要保护的小狒狒和它们的妈妈夹在队伍中间，那些身强力壮的雄狒狒则担任警卫。

一旦有凶猛的野兽来袭击狒狒，首领便会挺身而出，与猛兽搏斗，其他狒狒则在一旁一边呐喊助威，一边投掷石块。由于它们善长通力协作，即使最厉害的狮子也会败下阵来。

狒狒的主要食物是野果和嫩树枝，偶尔也会吃些蚂蚁、蝗虫充饥。它们的样子很凶猛，却不会主动攻击人类，还愿意和人类交朋友呢！

马的特点

家马是由野马驯化而来的。中国是最早开始驯化马匹的国家之一。马的四肢长，骨骼坚实，肌腱和韧带发育良好，善于快速奔跑，因此在古代常被作为坐骑。不同品种的马大小相差悬殊，重型品种体重可达 1200 千克，小型品种的体重还不到 200 千克。

马的眼睛长在头的两侧，这样视野宽广，可以同时看见四周的情况。它们没有防御敌人的利器，所以只有尽早发现敌人，迅速逃离危险，才能保证自己的生命安全。

马的嗅觉很发达，信息感知能力非常强。马能靠嗅觉辨别出大气中微量的水汽，借以寻觅几千米以外的水源和草地。所以野生的马群能够在干旱的地区生存。马还能根据粪便的气味找寻同伴，避开猛兽和天敌。

77

马和驴的孩子——骡子

驴虽然身材没有马高大，也不如马善跑，但它的耐力很强，能够负重走很远的路。马和驴“结婚”后，所生的后代——骡子兼具了马和驴的优点。骡子是杂交品种，绝大多数不具备生育能力。

骡子分为驴骡和马骡两种。公马和母驴生下的后代叫“驴骡”；公驴和母马生下的后代叫“马骡”。驴骡食量一般，耐力特别强，力量较大，脾气相对温顺些。马骡长得像马，食量较大，力量非常大，耐力较强，性情急躁，但很聪明。

78

动物王国中的『四不像』——麋鹿

“四不像”的真名叫麋鹿。为什么人们叫它“四不像”呢？原来它的长相非常奇特：头上的角长得像梅花鹿；蹄子和牛的蹄子长得差不多；头长得很像马；尾巴有点像驴。麋鹿兼具了四种动物的特征，但又与这四种动物完全不一样，看上去怪模怪样的，因此人们就叫它“四不像”。

麋鹿原产于中国，以青草和水草为食。由于自然环境的变化和人类的过度捕杀，麋鹿的数量开始快速递减。一直到清康熙、乾隆年间，在北京的南海子皇家猎苑内尚有 200 多头。但野生麋鹿早已绝种了。

清末，皇家猎苑的麋鹿被劫到欧洲各国。随着时间的流逝，圈养于欧洲一些动物园中的麋鹿纷纷死去，种群规模逐渐缩小。从 1898 年起，英国十一世贝福特公爵出重金将原饲养在巴黎、柏林、科隆等地动物园中的 18 头麋鹿全部买下，放养在伦敦以北的乌邦寺庄园内。二战时，这个种群达到 255 头。

1985 年，在世界野生动物基金会的努力下，英

国政府决定向中国无偿提供麋鹿。1985 年 8 月，22 头麋鹿被飞机从英国运抵北京。后来，又陆续运来了几十头。从此，中国开始精心培育“回国”的麋鹿，使这个种群不断繁育壮大。2003 年 3 月，世界上第一头纯野生的麋鹿在大丰麋鹿保护区内出生。如今，我国的麋鹿保护工作取得了显著成效，目前麋鹿种群已全面覆盖麋鹿原有栖息地，麋鹿数量也接近万头。在中国的多个地方，湖北、江西、河北、江苏野外都已经有了麋鹿。2006 年，麋鹿由“濒危动物”降级为“珍稀动物”，这也意味着该物种的繁衍不会被中断，不再有灭绝之忧。

* 相传，《封神榜》中姜太公的坐骑即为“四不像”，这给这种珍稀动物增添了神秘的色彩。

79

被誉为『高原之舟』的牦牛

在寒冷的青藏高原上，生活着高大威猛，躯体强健的牦牛，它们胸、腹的毛甚至长达 40 厘米，几乎可以垂到地面。高寒荒漠地区的环境十分恶劣严酷，但牦牛一点儿也不害怕，甚至可以伏卧在冰雪上睡觉。中国牦牛占世界牦牛总数的 85%，其中多数生长在青藏高原。过去，青海省境内广布着野生牦牛，但由于无限制地捕猎，野牦牛越来越少，现在已成为国家一级保护动物。野牦牛性情凶猛，人们一般不敢轻易触犯它，愤怒的牦牛有时还会把汽车撞翻。家牦牛是高原人民对野牦牛进行驯化后，培育出来的品种。它们经常穿越冰山雪地，为人类驮载货物，被誉为“高原之舟”。

藏族人民的生活离不开牦牛。可以说，牦牛的全身都是宝。人们喝牦牛奶，吃牦牛肉，烧牦牛粪，用牦牛的毛皮做衣服或帐篷。此外，牦牛角还可以制成工艺品，骨头也可以做药材。

不畏惧风沙的『沙漠之舟』——骆驼

骆驼的鼻孔里生有防风沙的鼻膜，狂风来袭时它会自动关闭鼻膜；它的眼睑上还长有一排厚厚的眼睫毛，能防止风沙吹进眼睛里；骆驼的耳朵里同样生有浓密的细毛，可以帮它挡住无孔不入的沙粒。此外，骆驼的脚掌又宽又大，脚底长着厚厚的肉垫，行走时不易陷入沙窝里去。骆驼背上高高隆起的驼峰里面储存了大量的脂肪。正因为骆驼具有如此特殊的身体结构，才使它能够长时间在沙漠里奔走，成为沙漠居民的好帮手。因此，人们把骆驼称为“沙漠之舟”。

食物丰富时，骆驼将多余的脂肪储存在驼峰里，等到条件恶劣时，就可以利用这些储备渡过困难时期。驼峰内的脂肪不仅可以用作营养来源，它氧化时还可以产生水分，因此骆驼可以连续几天不吃不喝。骆驼能在 10 分钟内喝下 100 多升水，但排水少，夏季一天仅排尿 1 升左右。而且它们不容易出汗，也不会轻易张开嘴巴，这些都有助于骆驼在无水的沙漠中行走。

* 骆驼分为单峰驼和双峰驼两种。单峰驼腿长，个头小，体重轻，运动速度快，但耐力不如双峰驼。双峰驼个头略大，体重较重，行走速度慢，却能在负重的情况下连续行走好几天。

81

跳高能手——袋鼠

袋鼠是有名的跳高能手，其中最大的是身高约 2 米的大袋鼠。袋鼠生有强健的后腿，跳跃起来非常有力，能一口气跳奔几十千米。据说大袋鼠一跃能跳出 10 多米的距离，你看，世界上还有哪个动物敢与它比试呢！在长时间的跳跃中，袋鼠那条又粗又长的大尾巴能像方向舵一样左右摇摆，控制身体的平衡。

在野外，大袋鼠被敌害追赶的时候，它们有自己独特的反击办法。首先，它们会背靠大树，尾巴拄地，然后用有力的后腿狠狠地蹬踢跑过来的敌人。而那些生活在动物园里的大袋鼠，已经适应了周围的环境，变成比较温驯老实的动物了。

袋鼠宝宝刚出生时，发育不完全，没有耳朵，

也看不见东西，根本不能独立生活。它凭借着灵敏的嗅觉，缓缓爬进妈妈肚子上的口袋里找奶吃。接下来，袋鼠宝宝会在妈妈的口袋里舒舒服服地待上三四个月，然后才会爬出口袋到地面上练习跳跃。不过，一有动静，它还会立即躲进妈妈的育儿袋里。直到半年后，它完全可以在地面上独立生活了，才会彻底离开妈妈的口袋，开始新的生活。这时，下一个袋鼠宝宝又该出生了。

澳大利亚常用袋鼠图像作为一些物品的标志，如绿色三角形袋鼠用来代表澳大利亚制造。公路旁贴有袋鼠的标志，表示那里是袋鼠经常出没的路段，以提醒司机注意。然而袋鼠天生视力很差，加上对灯光的好奇，常会跳去“看个究竟”，因此总会有袋鼠死于交通事故。

* 在野外，袋鼠主要吃各种杂草和灌木。动物园里，袋鼠的饲料有干草、胡萝卜、蔬菜、苹果、饼干和黑豆，食物种类多，营养也十分丰富。

从不喝水的树袋熊

树袋熊也叫“考拉”“无尾熊”，生活在澳大利亚的桉树林里。它们的身体大约有 70 厘米长，后肢比前肢略短，整个身体胖乎乎的。圆圆的脸上生有一双小小的眼睛和一个大大的黑鼻头，再加上向两边张开的大耳朵，模样可爱极了。树袋熊几乎不喝水，它们从清凉解暑的桉树叶中吸收所需的水分。

刚出生的小树袋熊会钻进妈妈的育儿袋内吃奶，八九个月后才会趴在妈妈的背上。树袋熊妈妈总是背着自己的孩子，一刻也不分离。但是小树袋熊发育成熟后，就必须离开妈妈，寻找属于自己的

* 树袋熊的孕期仅为一个多月，通常每胎仅产 1 仔。

领域。树袋熊妈妈的育儿袋与袋鼠的不同，它们是朝后开口的，这与树袋熊长期生活在树上的习性有关。但是你不用担心小树袋熊会从袋子里掉出来，因为树袋熊妈妈会缩紧育儿袋的开口，让小宝宝安全地待在里面。

树袋熊一生中大部分时间都生活在桉树上，偶尔会下到地面活动。白天，它们通常将身子蜷成一团栖息在桉树上，夜晚才沿着树枝爬上爬下，寻找最爱的桉树叶。澳大利亚有几百种桉树，可树袋熊只吃其中的十几种。一只成年树袋熊每天能吃掉 1 千克左右的桉树叶。桉树叶汁多味香，因此树袋熊的身上总是散发着一种馥郁清香的桉树叶味。

83

世界上最懒惰的动物——树懒

动物界中最懒的动物当属树懒。树懒生活在美洲的热带森林中，是一种古老而珍奇的动物。它的身体长 70 厘米左右，头小脖子长，脖子可以灵活地转动。树懒的前肢要比后肢长，四只脚上都生有锋利的钩爪。正是靠着这些钩爪，它才能倒挂在树上，或者四肢交替抓住树干行走。树懒常年倒挂在树上昏昏欲睡，吃在树上，喝在树上，甚至繁殖后代也在树上进行。树懒一生中的大部分时间都在睡梦中度过，偶尔活动一下，动作也非常缓慢，即使遭到敌人的攻击，还是不慌不忙的。“树懒”这个名字真是名副其实呀！

远远看去，树懒全身上下似乎都是绿色的，这使它栖息在树叶之间很难被其他动物发现。其

* 树懒确实懒得出奇，什么事都懒得做，甚至懒得去吃，懒得去玩，它们能忍饥挨饿一个月以上。

实，树懒身上的那层“绿毛”只是一些藻类、苔藓类植物。这些绿色的植物就像防护服一样，使树懒与周围的环境保持一致，从而免受敌人的袭击。

树懒的一生都生活在树上，甚至死了也倒挂在树上。这样的生活习性使它们的爪子进化成适应树栖生活的钩状，能够更好地抱住树木，但却无法在地面上活动。如果树懒不小心掉到地上，它们只能用四肢拄着地，匍匐前进。别看树懒在地面上如此笨拙，它们在水里却灵活得很，能够自由自在地游泳。

84

能自产『润肤露』的河马

河马是大型杂食性哺乳动物，它们经常泡在水里。当河马在陆地上活动时，光滑的皮肤上有时会渗出红色的“血液”，当“血液”越渗越多时，河马全身就变成了暗红色。其实，这种红色的东西并不是血，而是皮肤分泌出来的一种特殊液体，相当于润肤露，能够保护皮肤，防止皮肤干裂。河马的皮肤很厚很亮，但没有汗腺，不能像人类那样通过流汗来降低体温和湿润皮肤。在水中时，缺少流汗这个功能对它毫无影响。可是到了陆地上，皮肤缺乏水分后可能会引起干裂，这时候，河马就通过“流血”来润滑皮肤。

河马的四肢很短，脑袋又太大，如果长时间在陆地上行走，四肢便会难以支撑那巨大的身躯，沉重的头颅也会给它们带来很大的不便。所以，河马大部分时间都潜在水里，靠水的浮力来支撑自己的身体，减轻四肢的负担。因为要经常待在水里，所以河马的鼻孔朝上长，这样可以方便它们呼吸。

* 河马生活在水里，有时也会在岸边晒晒太阳。

喜欢往身上涂泥浆的犀牛

犀牛虽然叫“牛”，但并不是牛科动物，与它亲缘比较近的食草动物是马。犀牛生活在热带地区，那里的吸血昆虫很多，尤其喜欢钻到犀牛皮肤的褶皱里去蜇咬。为了防止虫子的骚扰，它们只好往身上涂抹泥浆。

犀牛背上常停有一种小鸟——犀牛鸟。这种鸟专门啄食犀牛身体上的寄生虫，以此作为自己的主要食物。除此以外，犀牛鸟还会及时向犀牛“拉警报”。犀牛的嗅觉和听觉虽灵，视觉却非常差，如果有敌人悄悄地逆风偷袭，它很难觉察到。遇到这种情况，犀牛鸟就会飞上飞下，以此引起犀牛的警觉。

* 一些贪心的偷猎者为了得到昂贵的象牙，大肆捕杀大象，致使大象数量骤减，濒临灭绝。为了大象的明天，让我们共同呼吁：绝不使用象牙制品，保护大象。

86

陆地上最大的动物——大象

大象是陆地上最大的动物，包括两个种类：亚洲象和非洲象。它们的身体都很健壮厚实，四条粗腿像柱子一样，皮肤上有许多皱褶；头前部长有一条灵活有力的长鼻子，头两侧是像扇子似的大耳朵。

亚洲象和非洲象有什么区别呢？看看它们的样子就知道了：非洲象比亚洲象更高大一些，后背比亚洲象平一些；非洲象的耳朵较大，亚洲象的耳朵较小；另外，非洲象的雌性和雄性都有长牙，而亚洲象只有雄性有比较明显的长牙。

大象都生活在热带地区，甚至有些生活在阳

光直射、毫无遮拦的草原上。非洲象的耳朵特别大，上面布满了血管，通过血液的流动，可以散发出许多热量，确保它们不会中暑死亡。

大象的鼻子具有许多功能，首先，它能够发现“敌情”——陌生的气味。其次，在长鼻子的最前端还有小突起，大象可以利用它灵巧地摘取树上的树叶、果实，卷起地上的青草送进嘴里。长鼻子还可以吸起细沙或水，喷到后背让大象舒服地洗个澡。同时，长鼻子也是攻击敌人的武器，它可以搬动重物，也可以把敌人卷起来抛到远处。

大象是充满温情的动物，在一个大家族中，大家总是相互帮助。每天，象群都在不断寻找新鲜食物，这时，首领总是走在最前边带路，小象走在中间受到大家的保护。

87

形形色色的熊

目前，地球上共有 8 种熊，分别是亚洲黑熊、棕熊、眼镜熊、懒熊、北极熊、马来熊、美洲黑熊和大熊猫。熊有时会把两只前爪举起来，像人一样站立着。熊站立起来，主要是为了表示自己的强大并恐吓对方。有时，为了袭击别的动物，它们也会直立起来，以便居高临下地扑向猎物。

块儿头最大的熊要属棕熊了，最大的阿拉斯加棕熊直立时身高可达到 2 米以上，体重有 800 千克；个子最小的是生活在热带、亚热带山林中的马来熊，体重只有 60 千克。

* 黑熊是杂食性动物，主要以植物为食，尤其喜食各种浆果、植物嫩叶、竹笋和苔藓等。

北极熊生活在冰雪覆盖的北极地区。北极熊体大凶猛，是食肉性动物，鱼类、海鸟、海豹、幼鲸等都是它的“盘中餐”。别看北极熊身体高大笨重，其实它们行动十分敏捷，甚至能追赶上驯鹿和北极兔。北极熊也是游泳高手，能在冰水中游 100 多千米，时速可达 10 千米。

* 我们曾认为北极熊的毛是白色的，但实际上它的毛是无色透明且中空的。它们之所以看起来呈白色，是因为中空的毛发会反射和散射可见光的缘故。

狼是群居性极高的物种，一群狼的数量大约在 5~12 匹之间，有的可以达到几十匹。狼群有领域性，通常在固定的范围内活动。

当两个不同家族的狼群相遇后，双方会摆出一副恐吓的模样，企图镇住对方。如果双方都没有退让，那只有通过战斗来分出胜负了。它们会扭打在一起并撕咬，如果一方战败，就会夹起尾巴，露出容易受伤的部位表示投降。胜利者看到对方投降，就会停止进攻。

北极狼是狼中的特殊品种，常出没在广阔无垠的北极地区，那里到处都是白雪皑皑的景象。北极狼身体的颜色和周围环境的颜色几乎融为一体，成为它捕猎时最好的伪装。

89

身穿『黑白条纹服』的斑马

现存的斑马种类有山斑马、平原斑马、细纹斑马三种。山斑马喜在多山和起伏不平的山岳地带活动；平原斑马栖于草原；细纹斑马栖于炎热干燥的半荒漠地区，偶见于野草焦枯的平原。斑马胆子小，通常结成小群一起生活，但仍然经常遭到大型肉食动物的捕猎。

科学家们认为，斑马身上的黑白条纹有“身份证”的作用，可以区分各个斑马家族。还有人证实，斑马的条纹能使它躲在树丛中，不易被敌害发现。当一群斑马在奔跑时，它们身体上的黑白条纹会使敌人感觉到眼花缭乱，不易判断出到底该捕食哪只。也有人说，吸血的昆虫也会被斑马的条纹分

* 人类将斑马条纹保护色的原理应用到海上作战方面，在军舰上涂上类似于斑马条纹的色彩，以此来模糊对方的视线，达到隐蔽自己、迷惑敌人的目的。

散注意力，使斑马免受叮咬。

斑马每天都需要喝大量的水。它们很聪明，即使地表没有水源，也能用蹄子刨坑找到水，有时甚至能刨出深达 1 米的水井来。所以，人们都夸它们是找水的高手。

除了依靠天生的黑白条纹外，斑马还有自己独创的防御本领。斑马的视力不太好，因此它们总是与高大的长颈鹿共同生活在一起。长颈鹿是个活的“瞭望台”，可以及时发现敌害，通知斑马及早躲避。当遇到危险又来不及逃走时，斑马则会围成一圈，屁股朝外，把小斑马围在圈里，用那强劲有力的后蹄猛踢来犯的敌人。

90

威风凛凛的狮子

狮子有“兽王”之称。它们长得威风凛凛，四肢很强壮，爪子上有钩，尾巴又细又长，末端还带有一丛绒球状的毛。雄狮和母狮长得不一样，它们的头部巨大，脸型颇宽，更重要的是雄狮拥有长长的鬃毛，能够一直延伸到肩部和胸部。

通常情况下，一个狮群中只有一头成年雄狮，它从不外出捕猎。狮群的捕猎工作都是由母狮完成的，而且捕回来的食物还要先给雄狮吃。其实雄狮并不是什么都不做，只是分工不同，它主要负责保卫狮群的安全并抵御外敌。

狮群狩猎的时间是不分白天和黑夜的，不过

夜间的成功率要高一些。母狮们通常会协同作战，一起从四周悄然包围猎物，并逐步缩小包围圈，伏击猎物。它们捕猎的成功率一般有 20% 左右，但如果吃饱了，就可以好几天不用捕食。

母狮除了捕猎外，还负责养育后代。如果狮群中的小宝宝在同一个时期内出生，那么母狮就要轮流出去捕猎，留下的既要哺育自己的幼崽，还要照顾其他母狮的幼崽。

狮宝宝刚出生的时候，身上都带有深色的斑点，随着它们慢慢长大，这些斑点会逐渐消失。但有些狮子身上的斑点没有完全消失，长大后仍会带有这些小时候的标志。雄狮长到 2 岁左右就要面临严酷的独立问题：走出家园，建立属于自己的狮群。

* 狮子最大的“天敌”恐怕是武装到牙齿的现代人类。

91

森林之王——老虎

老虎是大型猫科动物，喜欢生活在靠近水的山林中。由于人类的过渡猎杀和野外栖息地逐渐碎片化，虎成为珍稀濒危物种。科学家们正在想办法加以保护。

老虎性情孤僻、多疑，不喜欢过群居生活，它们有着各自的地盘，总是独来独往。邻近的两只老虎之间至少距离几千米，如果一只老虎侵入其他老虎的“领地”，两虎就会发生争斗。即使是雄虎和雌虎，也只有在发情繁殖的季节相聚，然后就各奔东西。其实，老虎这种孤僻的性格也是生存的需要，如果几只老虎待在一起，就会因食物短缺而挨饿。

东北虎又叫“西伯利亚虎”，是虎中身形最大的，平均体长为 2.8 米左右，尾长约 1 米。夏季，

* 印度农民用头后戴假面具的方式避免遭受老虎攻击，因为他们觉得，老虎会误以为假面具是人的脸，而不会轻易从正面进攻。

东北虎的体色呈棕黄色，冬季为淡黄色，背部和体侧具有多条横列黑色窄条纹，通常两条条纹靠近或相连呈柳叶状。东北虎在丛林中出没无常，一般的动物都对它敬而远之，再加上其前额明显的“王”字条纹，故有“森林之王”的美称。

有一种特殊的老虎——白色老虎。这种虎的体色与一般的虎完全不同，呈白色。其实这种白色的老虎并不属于特殊的种群，而是孟加拉虎的一个变种。野生的白虎并不常见，因为它们的体色过于显眼，可能尚未长大就被其他动物猎食了。

92

轻盈矫捷的豹子

豹子是动物中著名的捕猎高手。它们身体修长，善于奔跑、爬树，行动起来轻盈矫捷。豹子分布的范围比较广，但是由于人类的猎杀和自然环境的变化，现在的数量越来越少。

豹子喜欢夜间活动。在月光下，那一身带斑点的豹皮成了天然的隐身衣，从而提高了豹子捕食的成功率。有些种类的豹子有一种相当奇特的习惯，它们总是把猎物拖上树，悬挂在树枝上。只要饿了，豹子就会爬上树枝，享用事先储备的美食。树是豹子最好的食品贮藏室，把猎物挂在那里能够防止豺、狼等其他动物抢夺它们的食物。

猎豹是豹中奔跑速度最快的，也被誉为动物中的“短跑冠军”。它们具有惊人的奔跑速度和强大的爆发力，当追赶目标时，最快时速可达 110 千米，与在高速公路上快速行驶的汽车不相上下。

金钱豹也叫花豹，被誉为豹中财富的象征，因为它身上的花纹非常像中国古代的铜钱。金钱豹生性凶狠，经常伤害人畜。它爬树的本领特别高明，常常埋伏在树上，等猎物从树下走过时，就一跃而下，捕获猎物。金钱豹还能在树上捕捉机灵的猴子和飞禽。

云豹是豹类中比较特殊的成员。它们的花纹很特别，两颊各有两条黑色的横纹，从头顶到肩部有几条黑色的纵纹，身体两侧还有若干条深色的大块云状斑纹。云豹不仅善于爬树，还是个游泳高手。在水里的时候，云豹咬着猎物，放着两只前爪和一条后腿不用，仅凭借另一条后腿也可以轻松地游动呢！

93

凶狠的豺也有温柔的一面

在中国古代，人们把豺、狼、虎、豹称为“四凶”。列在首位的豺属于犬科动物，身材要比狗大些。它们喜欢群居，非常凶猛、残忍，嗅觉灵敏，耐力极好。它们捕猎时，一般先把猎物团团围住，前后左右同时进攻，抓瞎眼睛，咬掉耳鼻，撕开皮肤，然后再分食内脏和肉；或者直接对准猎物的肛门发动进攻，连抓带咬，把内脏掏出，迅速将猎物瓜分得干干净净。

它们不仅能捕食老鼠、兔子等小型动物，也敢于袭击水牛、马、鹿等较大的动物，甚至会成群地向狼、熊、豹、虎等猛兽发起挑战和进攻，夺取它们捕获的食物。

豺虽然很凶猛，但它们抚养孩子时却十分尽职尽责。雄豺经常外出给孩子捕食，捕到猎物后从不自己先吃，即使自己早已饥肠辘辘，也会温柔地让孩子们先吃。

94

臭气熏天的动物和香气逼人的动物

臭鼬能分泌出一种臭气熏天的液体。当它遭遇危险时，就掉转身体，抬起尾巴，把臭液喷向敌人。不同种类的臭鼬发射臭液的姿势不同，有的是四条腿站稳时发射，有的是将后腿抬向空中发射。不过臭鼬只用它的武器对付敌人，决不会向同伴使用。

原麝俗称“香獐”，视、听觉发达，极善跳跃。雄性上犬齿发达，露出唇外，雌性上犬齿小，不露出唇外。在雄麝的脐下有一个香囊，里面会分泌出一种具有浓烈香气的液体。这种液体叫“麝香”，香气逼人，而且会持续很久，几千米远都能闻到。

95

义务植树员——松鼠

世界上大多数地区都能看到松鼠的身影，它们是啮齿类动物，栖息在树上，主要以植物的果实和种子为食。松鼠一般怀孕 40 天左右就能产仔，一胎能产好几只。刚出生的幼仔不能独立生活，连眼睛都没有睁开，身上也是光秃秃的，只是不停地挤在妈妈的怀里吃奶。大约一个月后，小松鼠才能睁开眼睛，50 多天后就可以在树上蹿来蹿去，也能学着妈妈的样子用“小手”捧着果子吃了。

每到秋天，松鼠就会特别忙碌，它们要储备食物为寒冷的冬天做准备。它们经常把自己爱吃的松果埋藏在土里，作为越冬的储备粮。可是，小松鼠的记性不太好，时间一长就忘记了。到了第二年

春天，那些被遗忘在地下的“粮食”便会发芽生长，最后长成一棵棵小树苗。据统计，一只松鼠一生能贮藏 1 万多粒种子，其中许多种子都会发芽成长为小树，因此人们就称它们为“义务植树员”。

虽然和老鼠是近亲，但是松鼠的模样可比老鼠可爱多了。多数种类的松鼠都有一条毛茸茸的大尾巴，它们的尾巴不仅漂亮，还有很多用处呢！下雨时，它们把尾巴高高地竖起来，为自己遮风挡雨；从树上跳下时，尾巴大大地撑起来，就像降落伞一样，可以让它们稳稳地着地；冬天天气寒冷时，它们把尾巴盖在身上，就像盖上了一床暖暖的棉被一样。

96

植物小卫士——刺猬

刺猬大多分布在亚洲、欧洲的树林中，是一种肉食性的小动物。刺猬喜欢把家安在安静的树洞或岩石缝中，白天躲藏在里面休息，夜间则出来活动觅食。人们对刺猬有种误解，认为它们吃植物的果子、嫩叶，其实它们是肉食主义者，最喜欢捕食鼠类、蝗虫和蝼蛄等小动物。一个晚上，一只刺猬能消灭不少昆虫，其中绝大多数都是害虫，因此有人说它们是“植物小卫士”。

很久以前，刺猬的身上并没有这么多刺，而是长着许多长长的鬃毛，经常会受到凶猛野兽的袭击。后来，有几根鬃毛变得硬邦邦的，结果有的动物就不敢欺负它们了。渐渐地，刺猬身上的鬃毛都进化成了一根根硬刺，这样就有了抵御敌人侵犯的能力。如果遇到凶猛的动物，它们就缩成一团，变成了一个小刺球。那些想要吃它们的野兽怕硬刺扎嘴巴，不知从何下口，只好无可奈何地离开了。因此即使遇到大老虎，小刺猬也不害怕。

大多数肉食性动物对缩成一团的刺猬束手无策，只好放弃攻击，但是黄鼠狼和狐狸却不怕这一招。当刺猬身体蜷缩后，黄鼠狼会对着刺猬的透气孔放臭屁，使刺猬很快昏迷，团在一起的身体也会微微张开，于是刺猬就成了黄鼠狼的美餐。而狐狸更狡猾，刺猬变成一个“刺球”后，它会耐心地躲在一旁。当刺猬认为敌人已经离开，舒展开身体时，狐狸就迅速咬破刺猬那柔软的肚子，猎取美食。

97

会生蛋的哺乳动物

在澳大利亚生活着一种奇怪的哺乳动物——全身裹着柔软浓密的褐色短毛，嘴像鸭子一样扁扁的，脚趾间有蹼，人们称之为“鸭嘴兽”。鸭嘴兽是原始低级哺乳动物的幸存者，是珍稀的动物品种。

鸭嘴兽集中了多种动物的特征，同时也具备了多种动物的特点。它们像鸭子一样善于游泳，那宽扁的嘴能一口吞进一只小螃蟹。鸭嘴兽在水中游泳时，眼、耳、鼻都紧紧地闭着，但它们的嘴很灵敏，可以刨开河底的泥土，找到虫子吃。

雄性鸭嘴兽的后足中藏有刺，内存毒汁，可以用来防身或捕获猎物。这种毒几乎与蛇毒相近，人若中毒，当即会有剧痛感，要几个月才能恢复。

* 当科学家第一次见到鸭嘴兽的标本时，都不相信那是真的，认为那是人为拼凑出来的动物，现实生活中根本不可能存在。由此可见，鸭嘴兽的长相多么奇怪。

雌鸭嘴兽出生时也有毒刺，但在长大后就会慢慢消失了。

我们之所以说鸭嘴兽是特别的哺乳动物，是因为它们不是胎生而是卵生。雌鸭嘴兽产卵后，要像鸟类一样靠母体的温度去孵化卵。雌鸭嘴兽没有乳房和乳头，但腹部两侧可分泌乳汁，幼崽就趴在其腹部上舔食。

在澳大利亚还有一类同鸭嘴兽一样古老的哺乳动物——针鼹。这两类动物是世界上仅有的卵生哺乳动物。针鼹的外形很像刺猬，但嘴巴更尖更长，舌头上带有黏液，四肢上有锐利的钩爪，便于它们取食白蚁和蚂蚁等。针鼹身上锋利的棘刺是它们的防护服。当遇到敌害时，针鼹便会蜷缩成球，或以十分惊人的速度挖土并钻进松散的泥土中逃走。

能飞的哺乳动物——蝙蝠

如果说蝙蝠是鸟类，它们却缺少鸟类最明显的特征——羽毛和鸟喙（huì）。其实，蝙蝠不是鸟，而是能在空中飞行的哺乳动物。我们平常见到的蝙蝠都很小，主要以蝇类和甲虫为食。正因为大多数蝙蝠以昆虫为食，所以它们能有效地控制害虫，为人类除害。另外，还有一小部分蝙蝠不吃昆虫，其中，有的吃水果，有的吃鱼或青蛙，还有的吃花粉。可怕的是，有一类专门吸动物鲜血的蝙蝠——吸血蝙蝠。

蝙蝠落在地面上时，只能伏在地上，身子和翼膜都贴着地面，不会站立或行走，也不能展开翼膜飞起来，只能慢慢爬行。但如果它们爬到高处倒挂起来，遇到危险时，就可以随时伸展翼膜起飞，

* 在我们的传统文化中，蝙蝠是“福”的象征，这在许多留存至今的古老建筑中，以及砖刻、石刻中，几乎处处可以见到。

或者借下落的时机起飞，非常灵活。蝙蝠进入冬眠时，倒挂着可以减少身体与冰冷洞穴的接触面积。有些蝙蝠能用翼膜把头和身体裹起来，加上周身密密的细毛，可以起到隔绝外界冷空气的作用。

蝙蝠是唯一进化出真正有飞翔能力的哺乳动物，而且它们还具有敏锐的回声定位系统。蝙蝠能发出人类听不见的声波，当这种声波遇到物体时，会像回声一样返回来，这样蝙蝠根据返回来的声波，就能辨别出这个物体是移动的还是静止的，判断出具体的距离，甚至能分辨出物体的质地，从而找到可口的猎物。雷达就是人类仿照蝙蝠的回声定位系统制造出来的。

99

世界上最大的哺乳动物

鲸虽然像鱼，但却不是鱼，而是生活在水中的哺乳动物。鲸的宝宝们是喝妈妈的乳汁长大的，这是哺乳动物的典型特征。目前，地球上最大的哺乳动物是蓝鲸，一头蓝鲸身长可达 30 多米，体重能超过 130 吨。也就是说，20 多头大象才有一头蓝鲸那么重。在大海中，蓝鲸就像是一个会漂浮的小岛。

其实，鲸有很多种类，像抹香鲸、独角鲸、座头鲸、白鲸、虎鲸和海豚都是鲸类大家族中的成员。它们大小不一，最小的体长只有 1 米左右。鲸主要分成两大类：一类口中有须无齿，叫作“须鲸”，主要从水中滤食小鱼、小虾；另一类口中有齿无须，叫作“齿鲸”，以乌贼、鱼、海豹等动物为食。

鲸常常会跃出海面，每次跳跃都很高，仿佛

跳高健将一样。鲸没有鳃，没有鱼鳔，不能像鱼一样一直在水中呼吸，所以每隔一段时间都要到海面上呼吸新鲜空气。鱼的尾巴都是竖着长的，鲸与它们恰恰相反，是横着长的。鲸横着的尾巴上下摆动，有利它们上下沉浮，轻松地游到水面上呼吸。

鲸很喜欢群居，它们会组成一个大家庭，集体行动。如果遇到危险和困难，它们会齐心协力，共渡难关。比如说有一只鲸受伤了，其他的鲸会轮流托着它到水面上呼吸，直到痊愈为止。

100

海洋哺乳动物中的佼佼者——海豚

海豚是生活在水中的哺乳动物。科学家们发现，海豚的大脑很发达，比人的大脑还要大。它们的大脑沟回是人脑的 2 倍多，并且比人脑更接近球形，大脑的神经元是人脑的 1.5~2 倍。有人对部分动物的智能进行了测查和研究，发现人的智能指数最高，其次就是海豚。海豚经过训练，能学会打篮球、跳火圈等。

海豚喜欢过群居生活，少则几头，多则几百头。它们靠回声定位来判断目标的远近、方向、位置、形状，甚至物体的性质。海豚在水中能快速游动，这是因为它们有效地克服了水的阻力：海豚的皮肤滑溜溜的，而且富有弹性，它们游动时收缩皮肤，使上面形成很多小坑，把水存进来，这样在身

体的周围就形成了一层“水罩”。这个“水罩”裹住了海豚，使其整个身体和水之间几乎没有摩擦力——这就是海豚能快速游动的秘诀。

海豚几乎一直在游泳，好像从不睡觉。其实，海豚也会睡觉，只是它们睡觉时只有半个大脑在休息，另外半个仍处于兴奋状态。海豚两边大脑替换着工作，既可以保证睡眠，又可以防范敌人。

海豚能帮助人类做许多有益的事情。有人在海上遇险，它们能主动救助，使人脱离危险。这并不代表它们真有高尚的情操，但它们确实有救助落水者的意识。这是因为海豚们彼此之间经常相互帮助，特别是对生病或负伤的同伴，更是关心备至，于是就养成了救助其他动物或人类的习性。当海豚的回声定位系统搜索到落水者时，它们便会立即游过去援救，直到把落水者推上岸为止。

101

传说中的『美人鱼』

传说中，美人鱼是长着鱼尾巴的长发美女，但实际上可不是这样。“美人鱼”的真身叫“海牛”，是一类生活在海洋中的哺乳动物。雌海牛前肢基部有一对乳房，位置与人相似。它们在产下幼崽后，总是抱着幼崽立在海面上喂奶，月光下，远远看去，就好像是抱着孩子的妇人在海中游泳。海牛常常在海草丛中觅食，有时出水时，头上会带一些海草，于是有人就把它们描绘成披着长发的“美人鱼”。在朦胧的月光下，仿佛长发飘飘的美人。

其实，“美人鱼”一点儿也不美。它们身体肥胖，脖子短粗，头部长得有点儿像牛头，只是没有角，嘴巴很小，但嘴唇肥厚，长着短毛，小鼻子，小眼睛，前后肢都进化成适于游泳的鳍状肢，看上去笨笨的。

不过，海牛看似笨拙，实际上很灵活，在水中每小时游速可达25千米。海牛是海洋中唯一的草食性哺乳动物，食量很大，每天能吃几十千克的水草。它们吃草就像卷地毯一般，大片大片地吃过去，因此素有“水中除草机”之称。海牛吃水草的习性帮了人们的大忙，因为水草会阻碍水电站发电，堵塞河道、水渠，妨碍船只航行。

“海牛”是对海牛目动物的统称，其中包括儒艮（gèn）和海牛两个科。这两个科的成员的长相是有差别的：海牛的尾部呈圆形，而儒艮的尾部形状与海豚尾部相似，呈分叉状。儒艮的头很大，头与身体的比例是海洋动物中最大的。

目前，海牛目动物的数目越来越少，已经成为濒危物种，这主要是人类过度捕杀的结果。我们迫切希望那些不法分子能够停止捕猎海牛，大家共同保护这些珍稀的海洋动物，使它们能继续繁衍生存下去。

102

奇特的鼩鼱与跳鼠

如果你在野外看见成排的鼩鼱（qú jīng），那可能是鼩鼱的妈妈带着孩子们出来觅食了。为了防止走失，第一只小鼩鼱会紧紧地咬住妈妈的尾巴，其他的小鼩鼱会各自咬住前一只小鼩鼱的尾巴，一只挨着一只地齐步走。

在老鼠的大家庭中，有一种跳高健将，它们叫“跳鼠”。跳鼠长得很像袋鼠，它们的后腿修长有力，前腿却又短又小。跳鼠站在原地一跳，就能跳起 2 米多高。对于只有人手指那么大的动物来说，这个高度简直令人难以置信。

103

中国的『国宝』——大熊猫

大熊猫，虽名“熊猫”，但其实是一种熊，生活在中国四川、甘肃、陕西、西藏等省份的少数地区，非常稀少，是中国特有的珍贵动物。据统计，大熊猫野外种群数量达 1800 多只，它们生活在僻远稠密的竹林中，或者崇山峻岭之间。大熊猫性情比较孤僻，除了繁殖期外，总是独来独往。它们最喜欢吃竹叶、竹笋，也爱捕食竹鼠，偶尔还会闯入农民家中偷鸡蛋和烤肉吃，但一般不伤害人类。它那美丽的皮毛、憨态可掬的模样，得到了世界人民的喜爱。中国政府曾经把大熊猫作为国礼，租借给一些友好国家，使它们成为传播友谊的使者。

图书在版编目（CIP）数据

你不可不知的动物世界百科 / 禹田编著 . —昆明：晨光出版社，2022.3

ISBN 978-7-5715-1305-4

Ⅰ. ①你… Ⅱ. ①禹… Ⅲ. ①动物－少儿读物 Ⅳ. ① Q95-49

中国版本图书馆 CIP 数据核字（2021）第 222268 号

NI BUKE BUZHI DE DONGWU SHIJIE BAIKE

你不可不知的动物世界百科

禹田 编著

出 版 人　杨旭恒

选题策划　禹田文化
项目统筹　孙淑婧
责任编辑　李　政　常颖雯
项目编辑　石翔宇
装帧设计　尾　巴
内文设计　史　明

出　　版　云南出版集团　晨光出版社
地　　址　昆明市环城西路 609 号新闻出版大楼
邮　　编　650034
发行电话　（010）88356856　88356858
印　　刷　北京顶佳世纪印刷有限公司
经　　销　各地新华书店
版　　次　2022 年 3 月第 1 版
印　　次　2022 年 3 月第 1 次印刷
开　　本　170mm×250mm　16 开
印　　张　10
字　　数　44 千
I S B N　978-7-5715-1305-4
定　　价　28.00 元